Anton Schels · Karolina Schels

Mathematisch-naturwissenschaftliche Formeln, Definitionen und Sätze

Bayerischer Schulbuch-Verlag · München

Gedruckt auf chlorfrei gebleichtem Papier

1997
2. Auflage

Umschlagfoto: Mauritius
Zeichnungen: Detlef Seidensticker, München
Satz und Druck: Tutte Druckerei GmbH, Salzweg-Passau
ISBN 3-7627-3924-2

Dieses Werk folgt der reformierten Rechtschreibung und Zeichensetzung.

Inhaltsverzeichnis

Grundbegriffe

Algebra

Funktionen

Ebene Geometrie

Abbildungen

Trigonometrie

Stereometrie

Physik

Anhang

Mathematische Zeichen und Abkürzungen

Logische Zeichen

Aussagen werden mit großen lateinischen Buchstaben A, B, … bezeichnet:

$A \wedge B$	Es gilt A und zugleich B	(Konjunktion)
$A \vee B$	Es gilt A oder auch B	(Disjunktion)
$A \Rightarrow B$	Aus A folgt B; wenn A, dann B	(Implikation)
$A \Leftrightarrow B$	Aus A folgt B und umgekehrt; A äquivalent B	(Äquivalenz)

Zeichen und Schreibweisen bei Mengen

Beliebige Mengen werden mit großen lateinischen Buchstaben A, B, M, … bezeichnet:

$A \subseteq B$	A ist Teilmenge von B
$A \nsubseteq B$	A ist nicht Teilmenge von B
$A \subset B$	A ist echte Teilmenge von B
$A \not\subset B$	A ist nicht echte Teilmenge von B
$A \cap B$	Schnittmenge
$A \cup B$	Vereinigungsmenge
$A \setminus B$	Restmenge (Differenzmenge)
$A \times B$	Produktmenge
$\emptyset$	leere Menge
$a \in M$	a ist Element der Menge M
$a \notin M$	a ist nicht Element der Menge M
$\{a; b; c\}$	Menge mit den Elementen a, b und c (aufzählende Form der Mengendarstellung)
$\{x \mid \ldots\}$	Menge aller Elemente x, für die gilt: … (beschreibende Form der Mengendarstellung)
$(a \mid b)$	geordnetes Paar

Algebraische Zeichen

Größenbeziehungen

$a = b$	a ist gleich b
$a \neq b$	a ist nicht gleich b
$a \approx b$	a ist ungefähr gleich b

$a \sim b$	a ist direkt proportional zu b
$a > b$	a ist größer als b
$a \geqq b$	a ist größer oder gleich b
$a < b$	a ist kleiner als b
$a \leqq b$	a ist kleiner oder gleich b

Rechen- und Funktionszeichen

$+$	plus
$-$	minus
$\cdot$	mal, multipliziert mit
$:$	geteilt durch, dividiert durch
$\frac{a}{b}$	Bruch mit Zähler a und Nenner b
$\|a\|$	(absoluter) Betrag von a
a^n	Potenz mit Basis a und Exponent n
$\sqrt{a}$	Quadratwurzel aus a
$\sqrt[n]{a}$	n-te Wurzel aus a
$\log_a x$	Logarithmus von x zur Basis a
$\lg x$	Zehnerlogarithmus von x
$\sin x$	Sinus von x
$\cos x$	Kosinus von x
$\tan x$	Tangens von x
%	Prozent
‰	Promille

Zahlenmengen

$\mathbb{N}$	Menge der natürlichen Zahlen: $\mathbb{N} = \{1; 2; 3; \ldots\}$
$\mathbb{N}_0$	Menge der natürlichen Zahlen einschließlich 0: $\mathbb{N}_0 = \mathbb{N} \cup \{0\}$
$\mathbb{Z}$	Menge der ganzen Zahlen: $\mathbb{Z} = \{\ldots; -2; -1; 0; +1; +2; \ldots\}$
$\mathbb{Q}$	Menge der rationalen Zahlen: $\mathbb{Q} = \{x \| x = \frac{m}{n} \text{ mit } m \in \mathbb{Z}, n \in \mathbb{N}\}$

$\mathbb{Q}^+$	Menge der positiven rationalen Zahlen
$\mathbb{Q}_0^+$	Menge der nichtnegativen rationalen Zahlen: $\mathbb{Q}_0^+ = \mathbb{Q}^+ \cup \{0\}$
$\mathbb{Q}^-$	Menge der negativen rationalen Zahlen
$\mathbb{Q}_0^-$	Menge der nichtpositiven rationalen Zahlen: $\mathbb{Q}_0^- = \mathbb{Q}^- \cup \{0\}$
$\mathbb{R}$	Menge der reellen Zahlen
$\mathbb{R}^+$	Menge der positiven reellen Zahlen
$\mathbb{R}_0^+$	Menge der nichtnegativen reellen Zahlen: $\mathbb{R}_0^+ = \mathbb{R}^+ \cup \{0\}$
$\mathbb{R}^-$	Menge der negativen reellen Zahlen
$\mathbb{R}_0^-$	Menge der nichtpositiven reellen Zahlen: $\mathbb{R}_0^- = \mathbb{R}^- \cup \{0\}$
$\mathbb{V}_n$	Menge der Vielfachen von $n \in \mathbb{N}$: $\mathbb{V}_2 = \{2; 4; 6; 8; \dots\}$
$\mathbb{T}_n$	Menge der Teiler von $n \in \mathbb{N}$: $\mathbb{T}_6 = \{1; 2; 3; 6\}$
$[x_1; x_2]$	abgeschlossenes Intervall: $\{x \mid x_1 \leqq x \leqq x_2\}$
$[x_1; x_2[$	rechtsoffenes Intervall: $\{x \mid x_1 \leqq x < x_2\}$
$]x_1; x_2]$	linksoffenes Intervall: $\{x \mid x_1 < x \leqq x_2\}$
$]x_1; x_2[$	offenes Intervall: $\{x \mid x_1 < x < x_2\}$

Weitere Symbole

$T(x)$	Term mit der Variablen x
R	Relation
R^{-1}	Umkehrrelation
f, g, h	Funktion
f^{-1}	Umkehrfunktion
$f(x)$	Funktionsterm
$\mathbb{G}$	Grundmenge
$\mathbb{D}$	Definitionsmenge
$\mathbb{W}$	Wertemenge
$\mathbb{L}$	Lösungsmenge

Geometrische Zeichen

Punktmengen

$A, B, M, P, \dots$	Punkte
$P(x\|y)$	Punkt mit den kartesischen Koordinaten x und y
$P(r\|\varphi)$	Punkt mit den Polarkoordinaten r und φ
$a, g, h, s, \dots$	Geraden
AB	Gerade durch die Punkte A und B
$[AB$	Halbgerade mit dem Anfangspunkt A durch den Punkt
$[AB]$	Strecke mit den Endpunkten A und B
$m_{[AB]}$	Mittelsenkrechte der Strecke $[AB]$
$\sphericalangle ASB$	Winkel mit dem Scheitel S, dem ersten Schenkel $[SA$ und dem zweiten Schenkel $[SB$ (auch: Maß dieses Winkels)
$w_{\sphericalangle ASB}$	Winkelhalbierende des Winkels ASB
$k(M;r)$	Kreislinie um Mittelpunkt M mit Radius r
$\widehat{AB}$	positiv orientierter Kreisbogen vom Punkt A zum Punkt B

Beziehungen zwischen Punktmengen

$g \perp h$	Die Gerade g steht senkrecht auf der Geraden h
$g \parallel h$	Die Gerade g ist parallel zur Geraden h
$F_1 \cong F_2$	F_1 ist kongruent zu F_2
$F_1 \sim F_2$	F_1 ist ähnlich zu F_2

Größen

$\overline{AB}$	Länge der Strecke $[AB]$
$a, b, c, \dots$	Streckenlängen
$d(P; g)$	Abstand des Punktes P von der Geraden g
$\alpha, \beta, \gamma, \dots$	Winkelmaße
A	Flächeninhalt
O	Oberflächeninhalt
M	Mantelflächeninhalt
V	Volumen
LE, FE, VE	Längen-, Flächen-, Volumeneinheit

Abbildungen

$P \xmapsto{a} P'$	Achsenspiegelung an der Spiegelachse a
$P \xmapsto{Z} P'$	Punktspiegelung am Zentrum Z
$P \xmapsto{Z;\,\varphi} P'$	Drehung mit Drehzentrum Z und Drehwinkel φ
$P \xmapsto{\vec{v}} P'$	Parallelverschiebung mit Verschiebungsvektor $\vec{v}$
$P \xmapsto{Z;\,k} P'$	Zentrische Streckung mit Streckungszentrum Z und Streckungsfaktor k
$P \xmapsto{s;\,\varphi} P'$	Scherung an Scherungsachse s mit Scherungswinkel φ
$P \xmapsto{a;\,k} P'$	Orthogonale Affinität mit Affinitätsachse a und Affinitätsmaßstab k

Vektoren, Matrizen und Determinanten

$\vec{a}, \vec{b}, \ldots$	Vektoren
$\lvert\vec{a}\rvert$	Betrag des Vektors $\vec{a}$
$\begin{pmatrix} a_x \\ a_y \end{pmatrix}$	Vektor mit den Koordinaten a_x und a_y
$\vec{a}^{\circ}$	Einheitsvektor
$\overrightarrow{AB}$	Pfeil von A (Fuß) nach B (Spitze); Vektor, dessen Vertreter der Pfeil $\overrightarrow{AB}$ ist
$\vec{a} \oplus \vec{b}$	Summe der Vektoren $\vec{a}$ und $\vec{b}$
$k \cdot \vec{a}$	Produkt aus Vektor $\vec{a}$ und Zahl k
$\vec{a} \odot \vec{b}$	Skalarprodukt der Vektoren $\vec{a}$ und $\vec{b}$
$\begin{pmatrix} a & c \\ b & d \end{pmatrix}$	Matrix
$\begin{pmatrix} a & c \\ b & d \end{pmatrix} \odot \begin{pmatrix} x \\ y \end{pmatrix}$	Produkt aus Matrix und Vektor
$\begin{vmatrix} a & c \\ b & d \end{vmatrix}$	Determinante

Teilmenge

Eine Menge M_1 heißt Teilmenge einer Menge M_2, wenn jedes Element der Menge M_1 auch Element der Menge M_2 ist.

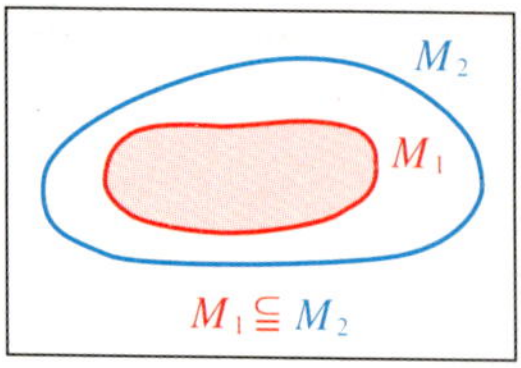

$$M_1 \subseteq M_2$$

Eine Menge M_1 heißt echte Teilmenge einer Menge M_2, wenn M_1 Teilmenge von M_2, aber nicht gleich M_2 ist.

$$M_1 \subset M_2$$

Schnittmenge

Die Menge der Elemente, die in der Menge M_1 und zugleich in der Menge M_2 enthalten sind, heißt Schnittmenge $M_1 \cap M_2$.

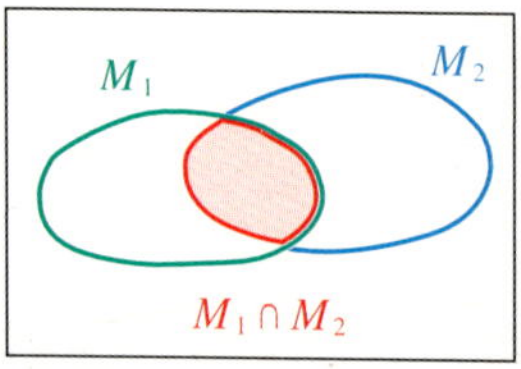

$$M_1 \cap M_2 = \{x \mid x \in M_1 \wedge x \in M_2\}$$

Vereinigungsmenge

Die Menge der Elemente, die in der Menge M_1 oder auch in der Menge M_2 enthalten sind, heißt Vereinigungsmenge $M_1 \cup M_2$.

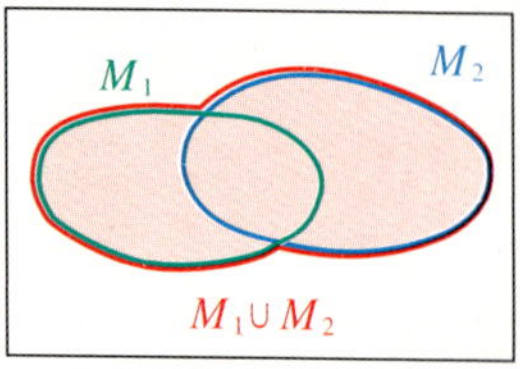

$$M_1 \cup M_2 = \{x \mid x \in M_1 \vee x \in M_2\}$$

Restmenge (Differenzmenge)

Die Menge der Elemente, die in der Menge M_1 und zugleich nicht in der Menge M_2 enthalten sind, heißt Restmenge $M_1 \setminus M_2$.

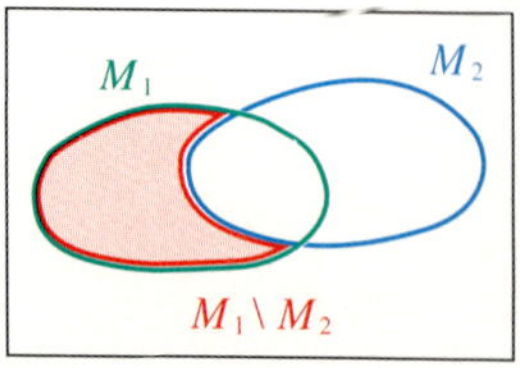

$$M_1 \setminus M_2 = \{x \mid x \in M_1 \wedge x \notin M_2\}$$

Produktmenge

Die Menge aller geordneten Paare $(x|y)$ mit der 1. Komponente $x \in M_1$ und der 2. Komponente $y \in M_2$ heißt Produktmenge $M_1 \times M_2$.

$$M_1 \times M_2 = \{(x|y) \mid x \in M_1 \wedge y \in M_2\}$$

Beispiel

M_1 \ M_2	33	34	35
1	(1|33)	(1|34)	(1|35)
2	(2|33)	(2|34)	(2|35)
	$M_1 \times M_2$		

$M_1 \times M_2 = \{(1|33); (1|34); (1|35); (2|33); (2|34); (2|35)\}$

Zahlenmengen

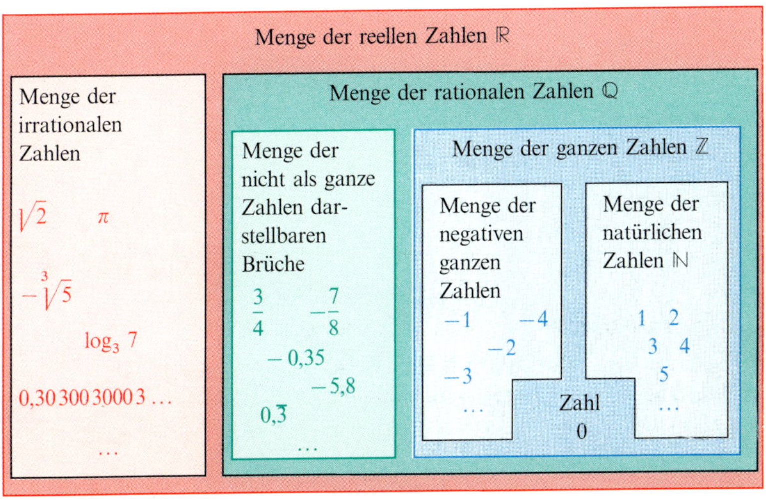

Die vier Grundrechenarten

Übersicht

Symbole	Bezeichnungen			
	Rechenart	a	b	c
$a + b = c$	Addition	Summand	Summand	Summenwert
$a - b = c$	Subtraktion	Minuend	Subtrahend	Differenzwert
$a \cdot b \;\; = c$	Multiplikation	Faktor	Faktor	Produktwert
$a : b \;\; = c$	Division	Dividend	Divisor ($\neq 0$)	Quotientenwert

Rechengesetze

Rechengesetze	Addition	Multiplikation
Kommutativgesetz	$a + b = b + a$	$a \cdot b = b \cdot a$
Assoziativgesetz	$a + (b + c) = (a + b) + c$	$a \cdot (b \cdot c) = (a \cdot b) \cdot c$
Distributivgesetz	$a \cdot (b + c) = a \cdot b + a \cdot c$	
Neutrales Element	$a + 0 = a$	$a \cdot 1 = a$
Inverses Element	$a + (-a) = 0$	$a \cdot \frac{1}{a} = 1 \; (a \neq 0)$

Beachte:

1. Subtraktion und Division sind nicht kommutativ!
2. Die Zahl 0 bei Multiplikation und Division:
   $a \cdot 0 = 0 \cdot a = 0$
   $0 : a = 0 \quad (a \neq 0)$
   $a : 0$ ist nicht definiert!

Der Nenner darf niemals 0 sein; d. h.:
Durch Null darf nicht dividiert werden.

Betrag einer Zahl

$$|a| = \begin{cases} a & \text{für } a > 0 \\ 0 & \text{für } a = 0 \\ -a & \text{für } a < 0 \end{cases}$$

Beispiele $|+7| = 7$
$|-7| = 7$

Gegenzahl

Zahlen mit gleichem Betrag, aber verschiedenen Vorzeichen heißen Gegenzahlen; z. B. $(+125)$ und (-125).

Addition

1 Zwei Zahlen mit *gleichen Vorzeichen* werden addiert, indem man die Beträge addiert und vor die Summe das gemeinsame Vorzeichen setzt.

Beispiele

$(+8) + (+6) = +(8+6) = +14$

$(-8) + (-6) = -(8+6) = -14$

2 Zwei Zahlen mit *verschiedenen Vorzeichen* werden addiert, indem man vom größeren Betrag den kleineren Betrag subtrahiert und vor die Differenz das Vorzeichen der Zahl mit dem größeren Betrag setzt.

Beispiele

$(+8) + (-6) = +(8-6) = +2$

$(+6) + (-8) = -(8-6) = -2$

Subtraktion

Eine Zahl wird subtrahiert, indem man ihre Gegenzahl addiert.

Beispiele

$9 - (+4) = (+9) + (-4) = +5$

$9 - (-4) = (+9) + (+4) = +13$

Zeichenvereinfachungen bei Addition und Subtraktion (a, b ≧ 0)

$$a + (+b) = a + b$$
$$a + (-b) = a - b$$
$$a - (+b) = a - b$$
$$a - (-b) = a + b$$

Beispiele

$$6 + (+8) = 6 + 8 = 14$$
$$6 + (-8) = 6 - 8 = -2$$
$$6 - (+8) = 6 - 8 = -2$$
$$6 - (-8) = 6 + 8 = 14$$

Multiplikation (a, b ≧ 0) und Division (a ≧ 0, b > 0)

Zwei Zahlen werden multipliziert (dividiert), indem man zunächst ihre Beträge multipliziert (dividiert).
Das Ergebnis ist positiv, wenn beide Zahlen gleiche Vorzeichen, und negativ, wenn beide Zahlen verschiedene Vorzeichen haben.

$$(+a) \cdot (+b) = +(a \cdot b)$$
$$(-a) \cdot (-b) = +(a \cdot b)$$
$$(+a) \cdot (-b) = -(a \cdot b)$$
$$(-a) \cdot (+b) = -(a \cdot b)$$

Beispiele

$$(+4) \cdot (+5) = -20$$
$$(-4) \cdot (-5) = +20$$
$$(+4) \cdot (-5) = -20$$
$$(-4) \cdot (+5) = -20$$

$$(+a) : (+b) = +(a : b)$$
$$(-a) : (-b) = +(a : b)$$
$$(+a) : (-b) = -(a : b)$$
$$(-a) : (+b) = -(a : b)$$

$$(+15) : (+3) = +5$$
$$(-15) : (-3) = +5$$
$$(+15) : (-3) = -5$$
$$(-15) : (+3) = -5$$

Rechnen mit Bruchzahlen ($a, b, c, d \neq 0$)

Kehrwert

Den Kehrwert einer Bruchzahl erhält man, indem man Zähler und Nenner vertauscht.

Bruchzahl	Kehrwert	
$\frac{a}{b}$	$\frac{b}{a}$	$\frac{a}{b} \cdot \frac{b}{a} = 1$
$a \left(= \frac{a}{1}\right)$	$\frac{1}{a}$	$a \cdot \frac{1}{a} = 1$

Erweitern ($e \neq 0$)

Eine Bruchzahl wird erweitert, indem man Zähler und Nenner mit der gleichen Zahl multipliziert.

$$\frac{a}{b} = \frac{a \cdot e}{b \cdot e}$$

Beispiele

$$\frac{4}{7} = \frac{4 \cdot 3}{7 \cdot 3} = \frac{12}{21}$$

Kürzen ($k \neq 0$)

Eine Bruchzahl wird gekürzt, indem man Zähler und Nenner durch die gleiche Zahl dividiert.

$$\frac{a}{b} = \frac{a : k}{b : k}$$

Beispiel

$$\frac{12}{21} = \frac{12 : 3}{21 : 3} = \frac{4}{7}$$

Multiplikation

Zwei Bruchzahlen werden multipliziert, indem man Zähler mit Zähler und Nenner mit Nenner multipliziert.

$$\frac{a}{b} \cdot \frac{c}{d} = \frac{a \cdot c}{b \cdot d}$$

Beispiel

$$\frac{2}{5} \cdot \frac{7}{3} = \frac{2 \cdot 7}{5 \cdot 3} = \frac{14}{15}$$

Division

Durch eine Bruchzahl wird dividiert, indem man mit ihrem Kehrwert multipliziert.

$$\frac{a}{b} : \frac{c}{d} = \frac{a}{b} \cdot \frac{d}{c} = \frac{a \cdot d}{b \cdot c}$$

Beispiel

$$\frac{2}{5} : \frac{7}{3} = \frac{2}{5} \cdot \frac{3}{7} = \frac{2 \cdot 3}{5 \cdot 7} = \frac{6}{35}$$

Addition bzw. Subtraktion

1 Zwei gleichnamige Bruchzahlen werden addiert (subtrahiert), indem man ihre Zähler addiert (subtrahiert) und den gemeinsamen Nenner beibehält.

$$\frac{a}{b} \pm \frac{c}{b} = \frac{a \pm c}{b}$$

Beispiel

$$\frac{9}{11} + \frac{3}{11} = \frac{9 + 3}{11} = \frac{12}{11}$$

2 Zwei ungleichnamige Bruchzahlen werden addiert (subtrahiert), indem man sie zunächst durch Erweitern gleichnamig macht und dann addiert (subtrahiert).

$$\frac{a}{b} \pm \frac{c}{d} = \frac{a \cdot d}{b \cdot d} \pm \frac{c \cdot b}{d \cdot b} = \frac{a \cdot d \pm b \cdot c}{b \cdot d}$$

Beispiel

$$\frac{9}{4} - \frac{3}{5} = \frac{9 \cdot 5}{4 \cdot 5} - \frac{3 \cdot 4}{5 \cdot 4} = \frac{45 - 12}{20} = \frac{33}{20}$$

Teilbarkeitsregeln – ggT und kgV

	Eine Zahl ist genau dann durch n teilbar, wenn
$n = 2$	sie mit der Ziffer 0, 2, 4, 6 oder 8 endet;
$n = 3$	die Quersumme durch 3 teilbar ist;
$n = 4$	sie auf zwei Nullen endet oder die aus den letzten zwei Ziffern gebildete Zahl durch 4 teilbar ist;
$n = 5$	sie mit der Ziffer 0 oder 5 endet;
$n = 8$	sie auf drei Nullen endet oder die aus den letzten drei Ziffern gebildete Zahl durch 8 teilbar ist;
$n = 9$	die Quersumme durch 9 teilbar ist.

Der **größte gemeinsame Teiler (ggT)** zweier natürlicher Zahlen ist die größte Zahl, die in jeder dieser Zahlen als Faktor enthalten ist.

Das **kleinste gemeinsame Vielfache (kgV)** zweier natürlicher Zahlen ist die kleinste Zahl, in der beide Zahlen als Faktoren enthalten sind.

ggT und kgV lassen sich durch Primfaktorzerlegung bestimmen.

Beispiel

126 =	2 ·	3	· 3 ·		7
105 =		3	·	5 ·	7
ggT (126; 105) =		3		·	7
=			21		

126 =	2 ·	3 ·	3 ·		7
105 =		3 ·		5 ·	7
kgV (126; 105) =	2 ·	3 ·	3 ·	5 ·	7
=			630		

Potenzen

Definitionen

a^n heißt Potenz und läßt sich als Produkt von n gleichen Faktoren darstellen:

$$a^n = \underbrace{a \cdot a \cdot a \cdot \ldots \cdot a}_{n \text{ Faktoren}} \qquad a \in \mathbb{R},\ n \in \mathbb{N} \setminus \{1\}$$

a heißt Basis (Grundzahl) und n Exponent (Hochzahl).

$a^1 = a$	
$a^0 = 1$	$a \neq 0$

Für negative und rationale Exponenten wird die Potenzdefinition erweitert:

$a^{-n} = \frac{1}{a^n}$	$a \neq 0$
$a^{\frac{1}{n}} = \sqrt[n]{a}$	$a \geqq 0$
$a^{\frac{m}{n}} = \sqrt[n]{a^m}$	$a \geqq 0$
$a^{-\frac{m}{n}} = \frac{1}{\sqrt[n]{a^m}}$	$a > 0$

$m, n \in \mathbb{N}$

Rechengesetze

Für $a, b \in \mathbb{R} \setminus \{0\}$ und $r, t \in \mathbb{Z}$
bzw. $a, b \in \mathbb{R}^+$ und $r, t \in \mathbb{R}$ gilt:

Potenzen mit gleicher Basis

$$a^r \cdot a^t = a^{r+t}$$

$$\frac{a^r}{a^t} = a^{r-t}$$

Beispiele

$4^3 \cdot 4^2 = 4^5$

$\frac{2^7}{2^4} = 2^3$

Potenzen mit gleichen Exponenten

$$a^r \cdot b^r = (a \cdot b)^r$$

$$\frac{a^r}{b^r} = \left(\frac{a}{b}\right)^r$$

Beispiele

$3^3 \cdot 5^3 = 15^3$

$\frac{8^5}{2^5} = 4^5$

Potenzieren einer Potenz

$$(a^r)^t = a^{r \cdot t}$$

Beispiel

$(3^4)^2 = 3^8$

Potenzieren eines Bruches

$$\left(\frac{a}{b}\right)^{-t} = \left(\frac{b}{a}\right)^{+t}$$

Beispiel

$\left(\frac{4}{3}\right)^{-2} = \left(\frac{3}{4}\right)^2$

Definitionen

1 $\sqrt[n]{a}$ ist die eindeutig bestimmte nicht negative Lösung der Gleichung $x^n = a$. $(a \in \mathbb{R}_0^+;\ n \in \mathbb{N})$

$\sqrt[n]{a}$ heißt n-te Wurzel aus a, a Radikand und n Wurzelexponent.

2 Spezialfall $n = 2$: $\sqrt[2]{a} = \sqrt{a}$

▶ *Folgerungen*

$$\left(\sqrt[n]{a}\right)^n = a \qquad \left(\sqrt{a}\right)^2 = a$$

Der Radikand a muß stets größer oder gleich 0 sein.

Rechengesetze für Quadratwurzeln

Für $a, b \in \mathbb{R}_0^+$ bzw. $b \in \mathbb{R}^+$ gilt:

	Beispiele
$\sqrt{a^2} = a$	$\sqrt{7^2} = 7$
$p \cdot \sqrt{a} \pm q \cdot \sqrt{a} = (p \pm q) \cdot \sqrt{a}$	$5 \cdot \sqrt{2} - 3\sqrt{2} = 2\sqrt{2}$
$\sqrt{a} \cdot \sqrt{b} = \sqrt{a \cdot b}$	$\sqrt{7} \cdot \sqrt{2} = \sqrt{14}$
$\frac{\sqrt{a}}{\sqrt{b}} = \sqrt{\frac{a}{b}}$	$\frac{\sqrt{10}}{\sqrt{5}} = \sqrt{2}$
$\left(\sqrt{a}\right)^m = \sqrt{a^m}$	$\left(\sqrt{5}\right)^2 = \sqrt{25}$

Wurzeln und Potenzen

Jede Wurzel kann auch als Potenz geschrieben werden.

$$\sqrt[n]{a} = a^{\frac{1}{n}} \qquad \sqrt[n]{a^m} = a^{\frac{m}{n}}$$

Damit gelten auch für die Wurzeln die Potenzgesetze (s. S. 18).

Logarithmen

Allgemein gilt: $(a \in \mathbb{R}^+;\ b \in \mathbb{R}^+ \setminus \{1\})$	*Beispiel*
Die Lösung der Gleichung $b^x = a \qquad \mathbb{G} = \mathbb{R}$ nennt man Logarithmus von a zur Basis b. $x = \log_b a \Leftrightarrow b^x = a$	Die Lösung der Gleichung $2^x = 8 \qquad \mathbb{G} = \mathbb{R}$ nennt man Logarithmus von 8 zur Basis 2. $x = \log_2 8 \Leftrightarrow 2^x = 8$

x heißt Logarithmus, a Numerus und b Basis.

Der Logarithmus einer (positiven) Zahl a zur Basis b ist derjenige Exponent, mit dem man b potenzieren muss, um a zu erhalten.

▶ *Folgerung*

$\log_b 1 = 0$, weil $b^0 = 1$
$\log_b b = 1$, weil $b^1 = b$

▶ *Zehnerlogarithmus*

$\log_{10} a = \lg a$

Rechengesetze

$$\log_b (u \cdot v) = \log_b u + \log_b v$$
$$\log_b \left(\frac{u}{v}\right) = \log_b u - \log_b v$$
$$\log_b (u^k) = k \cdot \log_b u$$

Beispiele

$\lg 15 = \lg (3 \cdot 5) = \lg 3 + \lg 5$

$\lg 0{,}8 = \lg \frac{8}{10} = \lg 8 - \lg 10$

$\lg 11^3 = 3 \cdot \log 11$

$\lg \sqrt[3]{11} = \lg 11^{\frac{1}{3}} = \frac{1}{3} \lg 11$

Basisumrechnung

$$\log_c a = \frac{\log_b a}{\log_b c}$$

Definitionen

Term

Zahlen, Variablen und Verknüpfungen von Zahlen und Variablen mit Hilfe von Rechenvorschriften heißen Terme.

Äquivalenz von Termen

Zwei Terme heißen äquivalent über der Grundmenge $\mathbb{G}$, wenn sie bei jeder möglichen Belegung aus $\mathbb{G}$ den gleichen Zahlenwert ergeben.

Termumformungen

Die Umformung eines Terms in einen äquivalenten Term heißt Termumformung.

Klammerregeln

1. Die Terme in den Klammern werden zuerst vereinfacht. Dabei geht Punktrechnung (Multiplikation, Division) vor Strichrechnung (Addition, Subtraktion).
2. Steht vor der Klammer ein Pluszeichen, so bleiben die Rechenzeichen beim Weglassen der Klammer erhalten.

   Beispiel

   $2x^2 + (2 - 5x^2) = 2x^2 + 2 - 5x^2 = -3x^2 + 2$
3. Steht vor der Klammer ein Minuszeichen, so werden die Rechenzeichen beim Weglassen der Klammer geändert.

   Beispiel

   $2x^2 - (2 - 5x^2) = 2x^2 - 2 + 5x^2 = 7x^2 - 2$
4. Sind mehrere Klammern vorhanden, so werden diese von innen nach außen aufgelöst.

Ausklammern (Faktorisieren)

$$k \cdot a + k \cdot b + k \cdot c = k \cdot (a + b + c)$$

Ausmultiplizieren

$$k \cdot (a + b + c) = k \cdot a + k \cdot b + k \cdot c$$

Produkt von Summen

$$(a+b)\cdot(c+d+e) = a\cdot c + a\cdot d + a\cdot e + b\cdot c + b\cdot d + b\cdot e$$

Binomische Formeln

1. $(a+b)^2 = a^2 + 2\cdot a\cdot b + b^2$
2. $(a-b)^2 = a^2 - 2\cdot a\cdot b + b^2$
3. $(a+b)\cdot(a-b) = a^2 - b^2$

Aussageformen

Definitionen

Aussage

Ein Satz, bei dem entschieden werden kann, ob sein Inhalt wahr oder falsch ist, heißt Aussage.

Aussageform

Ein Satz, der mindestens eine Variable enthält, heißt Aussageform, wenn er durch Belegung der Variablen mit Elementen einer gegebenen Grundmenge $\mathbb{G}$ in eine Aussage übergeht.

Beispiel Gleichungen und Ungleichungen sind Aussageformen.

Lösungsmenge

Die Menge der Elemente aus der Grundmenge $\mathbb{G}$, die bei der Belegung der Variablen eine wahre Aussage ergeben, heißt Lösungsmenge $\mathbb{L}$.

Äquivalenz von Aussageformen

Zwei Aussageformen heißen äquivalent, wenn ihre Lösungsmengen über der gleichen Grundmenge übereinstimmen.

Äquivalenzumformungen

Die Umformung einer Gleichung bzw. Ungleichung in eine äquivalente Gleichung bzw. Ungleichung heißt Äquivalenzumformung.

Äquivalenzumformungen bei Gleichungen

Bei Gleichungen ändert sich die Lösungsmenge nicht, wenn man auf beiden Seiten

1. denselben Term addiert oder subtrahiert,
2. mit derselben Zahl $\neq 0$ multipliziert, oder durch dieselbe Zahl $\neq 0$ dividiert.

Beispiel

$\mathbb{G} = \mathbb{Q}^+$

$$
\begin{aligned}
& 5x - 10 = 9x + 12 && \mid +10 \\
\Leftrightarrow\ & 5x = 9x + 22 && \mid -9x \\
\Leftrightarrow\ & -4x = +22 && \mid :(-4) \\
& x = -5{,}5 && \\
& \mathbb{L} = \emptyset, \text{ da } x \notin \mathbb{G} &&
\end{aligned}
$$

Äquivalenzumformungen bei Ungleichungen

Bei Ungleichungen ändert sich die Lösungsmenge nicht, wenn man auf beiden Seiten

1. denselben Term addiert oder subtrahiert,
2. a) mit derselben positiven Zahl multipliziert oder durch dieselbe positive Zahl dividiert,

   b) mit derselben *negativen* Zahl multipliziert oder durch dieselbe *negative* Zahl dividiert und zugleich das Ungleichheitszeichen umkehrt (Inversionsgesetz)

Beispiel $\mathbb{G} = \mathbb{R}$

$$
\begin{aligned}
& 3x - 7 < 21 + 5x && \mid -5x \\
\Leftrightarrow\ & -2x - 7 < 21 && \mid +7 \\
\Leftrightarrow\ & -2x < 28 && \mid :(-2) \\
\Leftrightarrow\ & x > -14 && \text{(Inversionsgesetz)} \\
& \mathbb{L} = \{x \mid x > -14\}_{\mathbb{R}} &&
\end{aligned}
$$

Verknüpfung von Aussageformen

Die Aussageformen A_1 und A_2 haben als Lösungsmengen $\mathbb{L}_1$ und $\mathbb{L}_2$. Für die Lösungsmenge $\mathbb{L}$ der Verknüpfung von A_1 und A_2 gilt:

Verknüpfung	$A_1 \wedge A_2$	$A_1 \vee A_2$
Lösungsmenge $\mathbb{L}$	$\mathbb{L}_1 \cap \mathbb{L}_2$	$\mathbb{L}_1 \cup \mathbb{L}_2$

Produktgleichungen und Produktungleichungen

$$a \cdot b = 0 \iff a = 0 \vee b = 0$$

$$a \cdot b > 0 \iff (a > 0 \wedge b > 0) \vee (a < 0 \wedge b < 0)$$

$$a \cdot b < 0 \iff (a > 0 \wedge b < 0) \vee (a < 0 \wedge b > 0)$$

Bruchgleichungen und Bruchungleichungen

$$\frac{a}{b} = 0 \iff a = 0 \wedge b \neq 0$$

$$\frac{a}{b} > 0 \iff (a > 0 \wedge b > 0) \vee (a < 0 \wedge b < 0)$$

$$\frac{a}{b} < 0 \iff (a > 0 \wedge b < 0) \vee (a < 0 \wedge b > 0)$$

Betragsgleichungen und Betragsungleichungen $(a > 0)$

$$|x| = a \iff x = a \vee x = -a$$

$$|x| > a \iff x > a \vee x < -a$$

$$|x| < a \iff -a < x < a$$

Zweireihige Determinante

$$\begin{vmatrix} a_1 & b_1 \\ a_2 & b_2 \end{vmatrix} = a_1 \cdot b_2 - a_2 \cdot b_1$$

Lösung eines linearen Gleichungssystems

$\mathbb{G} = \mathbb{R} \times \mathbb{R}$, $a_n, b_n \in \mathbb{R} \setminus \{0\}$, $c_n \in \mathbb{R}$

Das lineare Gleichungssystem

$$\begin{array}{rl} & a_1 \cdot x + b_1 \cdot y = c_1 \\ \wedge & a_2 \cdot x + b_2 \cdot y = c_2 \end{array}$$

mit den Determinanten

$$D_N = \begin{vmatrix} a_1 & b_1 \\ a_2 & b_2 \end{vmatrix} \quad D_x = \begin{vmatrix} c_1 & b_1 \\ c_2 & b_2 \end{vmatrix} \quad D_y = \begin{vmatrix} a_1 & c_1 \\ a_2 & c_2 \end{vmatrix}$$

hat

1 genau eine Lösung $(x|y)$, wenn $D_N \neq 0$

$$x = \frac{D_x}{D_N} \quad ; \quad y = \frac{D_y}{D_N}$$

$$\mathbb{L} = \left\{ \left(\frac{D_x}{D_N} \middle| \frac{D_y}{D_N} \right) \right\}$$

2 keine Lösung, wenn $D_N = 0$ und $D_x \neq 0$ oder $D_y \neq 0$

$\mathbb{L} = \emptyset$

3 unendlich viele Lösungen, wenn $D_N = 0$, $D_x = 0$ und $D_y = 0$

$$\begin{aligned} \mathbb{L} &= \{(x|y) \mid a_1 \cdot x + b_1 \cdot y = c_1\} \\ &= \{(x|y) \mid a_2 \cdot x + b_2 \cdot y = c_2\} \end{aligned}$$

Allgemeine Form $a \cdot x^2 + b \cdot x + c = 0$ — $\mathbb{G} = \mathbb{R}$; $a, b, c \in \mathbb{R}$; $a \neq 0$

Die quadratische Gleichung in der allgemeinen Form

$$a \cdot x^2 + b \cdot x + c = 0$$

mit der *Diskriminante*

$$\boxed{D = b^2 - 4 \cdot a \cdot c}$$ hat

1 zwei Lösungen, wenn $D > 0$

$$\boxed{x_{1/2} = \frac{-b \pm \sqrt{D}}{2a}} \qquad \mathbb{L} = \left\{\frac{-b-\sqrt{D}}{2a} ; \frac{-b+\sqrt{D}}{2a}\right\}$$

2 eine Lösung, wenn $D = 0$

$$x = -\frac{b}{2a} \qquad \mathbb{L} = \left\{-\frac{b}{2a}\right\}$$

3 keine Lösung, wenn $D < 0$ $\qquad \mathbb{L} = \emptyset$

Normalform $x^2 + p \cdot x + q = 0$ — $\mathbb{G} = \mathbb{R}$; $p, q \in \mathbb{R}$

Falls $a \neq 0$ läßt sich die allgemeine Form durch Division mit a in die Normalform überführen.

$$a \cdot x^2 + b \cdot x + c = 0 \quad | \ :a$$

$$\Leftrightarrow \quad x^2 + \frac{b}{a} \cdot x + \frac{c}{a} = 0$$

$$\downarrow \qquad \downarrow$$

$$x^2 + p \cdot x + q = 0$$

Satz von Vieta und Linearfaktorzerlegung

Sind x_1 und x_2 die Lösungen der Gleichung $x^2 + p \cdot x + q = 0$, so gilt:

1 $x_1 + x_2 = -p$ $\wedge$ $x_1 \cdot x_2 = q$ (Satz von Vieta)

2 $x^2 + p \cdot x + q = (x - x_1) \cdot (x - x_2)$ (Linearfaktorzerlegung)

Direkte Proportionalität

Eine Paarmenge $\{(x_1 \mid y_1); (x_2 \mid y_2); \ldots; (x_n \mid y_n); \ldots\}$ heißt direkte Proportionalität, wenn alle Größenpaare $(x_i \mid y_i)$ *quotientengleich* sind:

$$\frac{y_1}{x_1} = \frac{y_2}{x_2} = \ldots = \frac{y_n}{x_n} = \ldots = k \qquad (x_i \neq 0);\ \text{d.h.:}$$

$$\boxed{\frac{y}{x} = k \Leftrightarrow y = k \cdot x}$$

k heißt Proportionalitätsfaktor; $k \in \mathbb{R} \setminus \{0\}$.
Die Größen y und x heißen zueinander direkt proportional: $y \sim x$

Weitere Kennzeichen der direkten Proportionalität

1. Dem n-fachen der Größe x ist das n-fache der Größe y zugeordnet.
2. Die graphische Darstellung der Größenpaare $(x_i \mid y_i)$ ergibt Punkte, die auf einer Geraden durch den Ursprung liegen.

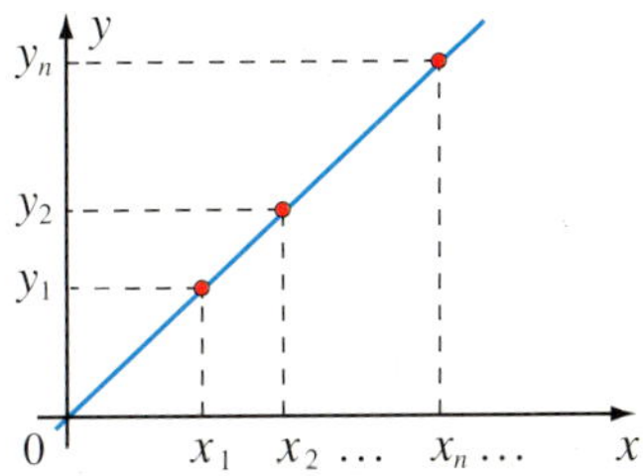

Indirekte Proportionalität

Eine Paarmenge $\{(x_1 \mid y_1); (x_2 \mid y_2); \ldots; (x_n \mid y_n); \ldots\}$ heißt indirekte Proportionalität, wenn alle Größenpaare $(x_i \mid y_i)$ *produktgleich* sind:

$$x_1 \cdot y_1 = x_2 \cdot y_2 = \ldots = x_n \cdot y_n = \ldots = k;\ (x_i \neq 0); \qquad \text{d.h.:}$$

$$\boxed{x \cdot y = k \Leftrightarrow y = k \cdot \frac{1}{x}}$$

k heißt Proportionalitätsfaktor; $k \in \mathbb{R} \setminus \{0\}$
Die Größen y und x heißen zueinander indirekt proportional: $y \sim \frac{1}{x}$

Weitere Kennzeichen der indirekten Proportionalität

1. Dem n-fachen der Größe x ist der n-te Teil der Größe y zugeordnet.
2. Die graphische Darstellung der Größenpaare $(x_i \mid y_i)$ ergibt Punkte, die auf einer Hyperbel liegen.

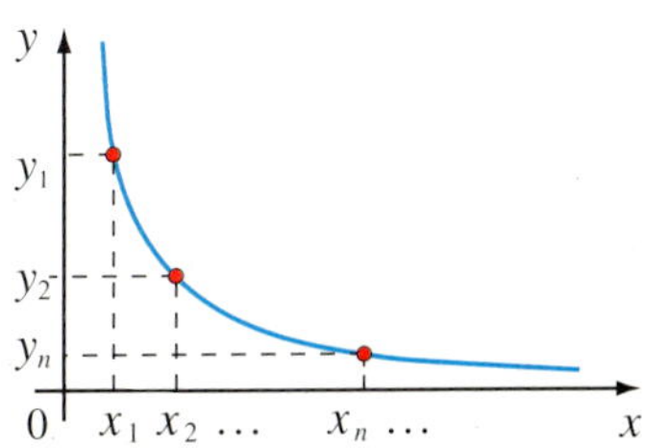

Prozent- und Promillerechnung

Prozentrechnung

$p\%$ einer Größe bedeutet $\frac{p}{100}$ dieser Größe.

Grundgleichung

$$\frac{\text{Prozentwert } P}{\text{Grundwert } G} = \frac{\text{Prozentsatz } p}{100}$$

Prozentwert:	$P = \frac{p}{100} \cdot G$
Grundwert:	$G = \frac{100}{p} \cdot P$
Prozentsatz:	$p = \frac{P}{G} \cdot 100$

Promillerechnung

$p‰$ einer Größe bedeutet $\frac{p}{1000}$ dieser Größe.

$$\frac{\text{Promillewert } P}{\text{Grundwert } G} = \frac{\text{Promillesatz } p}{1000}$$

Zinsrechnung

Die Zinsrechnung ergibt sich aus der Prozentrechnung.

(Jahres-)Zinssatz p	$\longleftrightarrow$	Prozentsatz p
Kapital K	$\longleftrightarrow$	Grundwert G
(Jahres-) Zins Z	$\longleftrightarrow$	Prozentwert P

Jahreszins

$$Z = \frac{p}{100} \cdot K$$

Tageszins (t: Anzahl der Tage)

$$Z = \frac{p}{100} \cdot K \cdot \frac{t}{360}$$

Relation und Umkehrrelation

Relation

Eine Relation R über der Grundmenge $\mathbb{G} = M_1 \times M_2$ ist die Lösungsmenge einer Aussageform mit zwei Variablen $x \in M_1$ und $y \in M_2$.

Relationsvorschrift

Die Relationsvorschrift ist die Aussageform, die zur Relation R gehört.

Definitionsmenge

Als Definitionsmenge $\mathbb{D}$ bezeichnet man die Menge der *ersten Komponenten* x ($\mathbb{D} \subseteqq M_1$).

Wertemenge

Als Wertemenge $\mathbb{W}$ bezeichnet man die Menge der *zweiten Komponenten* y ($\mathbb{W} \subseteqq M_2$).

Beispiel

Grundmenge:	$\mathbb{G} = M_1 \times M_2$ mit $M_1 = \mathbb{N}$ und $M_2 = \mathbb{N}$
Beschreibende Form:	$R = \{(x\|y) \mid 2x + y \leqq 6\}_{M_1 \times M_2}$
Relationsvorschrift:	$2x + y \leqq 6$
Aufzählende Form:	$R = \{(1\|1); (1\|2); (1\|3); (1\|4); (2\|1); (2\|2)\}$
Definitionsmenge:	$\mathbb{D} = \{1; 2\}$
Wertemenge:	$\mathbb{W} = \{1; 2; 3; 4\}$

Pfeildiagramm:

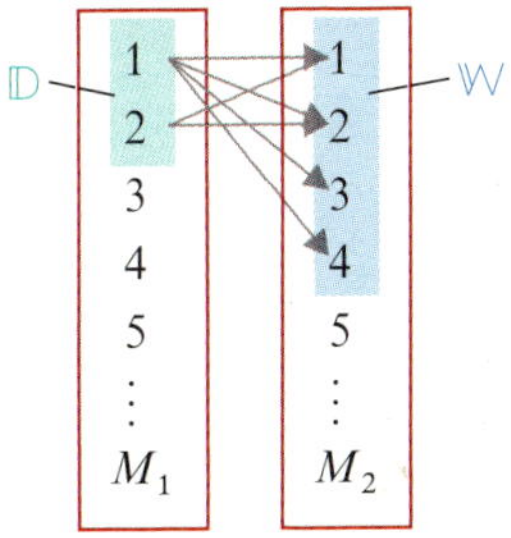

Koordinatendiagramm:

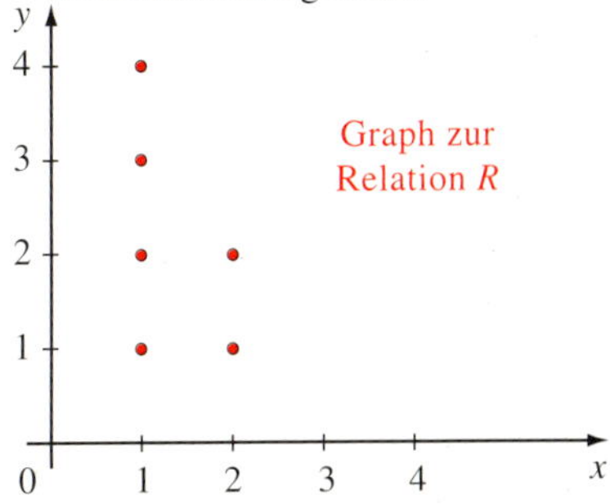

Tabelle:

$x \backslash y$	1	2	3	4	5	…	
	𝕎						
𝔻 — 1	(1 | 1)	(1 | 2)	(1 | 3)	(1 | 4)	(1 | 5)	…	
2	(2 | 1)	(2 | 2)	(2 | 3)	(2 | 4)	(2 | 5)	…	
3	(3 | 1)	(3 | 2)	(3 | 3)	(3 | 4)	(3 | 5)	…	R
4	(4 | 1)	(4 | 2)	(4 | 3)	(4 | 4)	(4 | 5)	…	
⋮	⋮	⋮	⋮	⋮	⋮		

Umkehrrelation

Zu jeder Relation R läßt sich eine Umkehrrelation R^{-1} angeben, indem man

1. in der Relationsvorschrift die Variablen x und y vertauscht bzw.
2. in den Paaren der Relation die Komponenten vertauscht.

Beispiel

$R = \{(x|y) \mid 2x + y \leqq 6\}_{M_1 \times M_2}$

$R = \{(1|1); (1|2); (1|3); (1|4); (2|1); (2|2)\}$

$R^{-1} = \{(x|y) \mid 2y + x \leqq 6\}_{M_2 \times M_1}$

$R^{-1} = \{(1|1); (2|1); (3|1); (4|1); (1|2); (2|2)\}$

Es gilt:

$$\mathbb{D}\,(R^{-1}) = \mathbb{W}\,(R)$$
$$\mathbb{W}\,(R^{-1}) = \mathbb{D}\,(R)$$

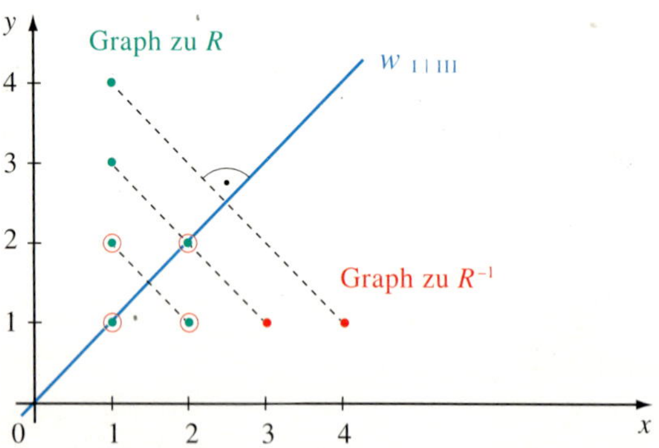

Der Graph zur Umkehrrelation R^{-1} ergibt sich durch Achsenspiegelung des Graphen der Relation R an der Winkelhalbierenden des I. und III. Quadranten.

Funktion und Umkehrfunktion

Funktion

Eine Relation heißt Funktion f, wenn jedem Element x der Definitionsmenge $\mathbb{D}$ *genau ein* Element y der Wertemenge $\mathbb{W}$ zugeordnet ist.

Grundmenge:	$\mathbb{G} = M_1 \times M_2$
Beschreibende Form:	$f = \{(x\vert y) \vert y = f(x)\}_{M_1 \times M_2}$
Funktionsgleichung:	$y = f(x)$
Funktionsterm:	$f(x)$

Umkehrfunktion

Ist die Umkehrrelation f^{-1} einer Funktion f wieder eine Funktion, so heißt f^{-1} Umkehrfunktion von f.

Beispiel

$\mathbb{G} = M_1 \times M_2$ mit $M_1 = \{1; 2; 3\}$ und $M_2 = \mathbb{N}_0$

▶ *Funktion*

$f = \{(x|y)|y = -2x + 6\}_{M_1 \times M_2}$

$f = \{(1|4); (2|2); (3|0)\}$

$\mathbb{D}(f) = \{1; 2; 3\}$

$\mathbb{W}(f) = \{0; 2; 4\}$

▶ *Umkehrfunktion*

$f^{-1} = \{(x|y)|x = -2y + 6\}_{M_2 \times M_1}$

$f^{-1} = \{(x|y)|y = -\frac{1}{2}x + 3\}_{M_2 \times M_1}$

$f^{-1} = \{(4|1); (2|2); (0|3)\}$

$\mathbb{D}(f^{-1}) = \{0; 2; 4\}$

$\mathbb{W}(f^{-1}) = \{1; 2; 3\}$

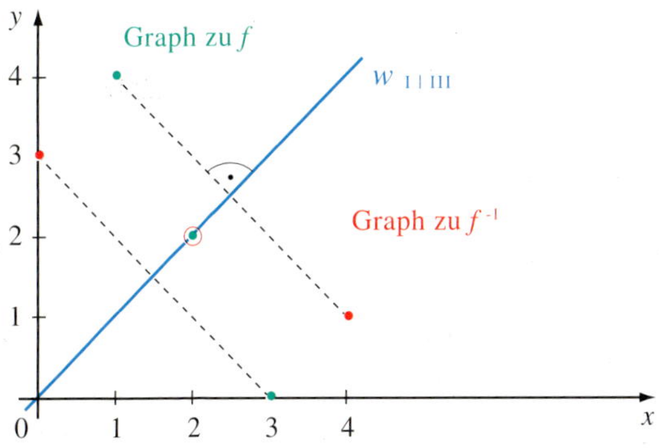

Funktionseigenschaften

Achsensymmetrie

Der Graph einer Funktion f mit $y = f(x)$ ist achsensymmetrisch zur y-Achse, wenn für alle $x \in \mathbb{D}$ gilt:

$$f(-x) = f(x)$$

Punktsymmetrie

Der Graph einer Funktion f mit $y = f(x)$ ist punktsymmetrisch zum Ursprung, wenn für alle $x \in \mathbb{D}$ gilt:

$$f(-x) = -f(x)$$

Nullstelle

Bei einer Funktion f mit $y = f(x)$ heißt $x_0 \in \mathbb{D}$ Nullstelle, wenn gilt:

$$f(x_0) = 0$$

Lineare Funktion – Geradengleichung

Eine Funktion f mit der Gleichung

$$y = m \cdot x + t \qquad m,\ t \in \mathbb{R} \qquad \mathbb{G} = \mathbb{R} \times \mathbb{R}$$

heißt lineare Funktion.

Definitionsmenge

$\mathbb{D} = \mathbb{R}$

Wertemenge

$\mathbb{W} = \mathbb{R}$ für $m \neq 0$

$\mathbb{W} = \{t\}$ für $m = 0$

Graph

Der Graph der Funktion f ist eine *Gerade* mit der Steigung m und dem y-Abschnitt t

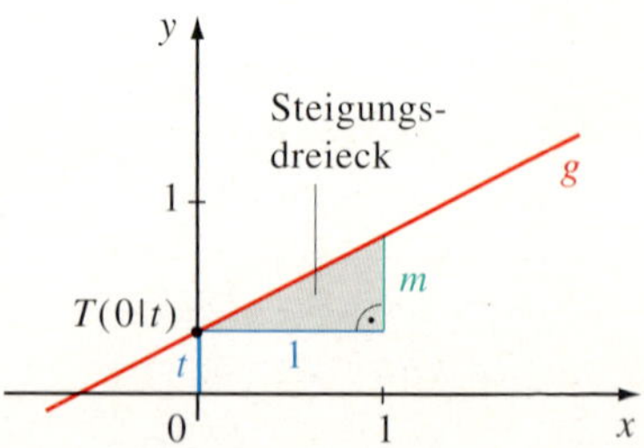

Normalform der Geradengleichung

Eine Gleichung der Form $y = m \cdot x + t$ nennt man auch Normalform der Geradengleichung.

Steigung

Bei allen Steigungsdreiecken P_1QP_2 der Geraden g mit $y = m \cdot x + t$ gilt:

$$m = \frac{\Delta y}{\Delta x} = \frac{y_2 - y_1}{x_2 - x_1} \quad (x_1 \neq x_2)$$

$$m = \tan \alpha$$

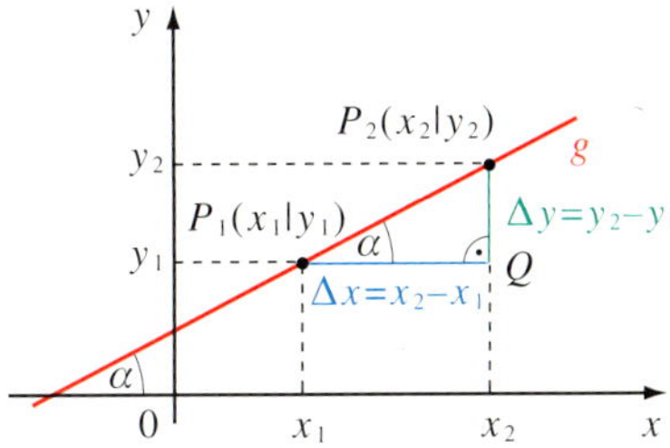

Einfluß der Steigung m auf den Verlauf des Graphen

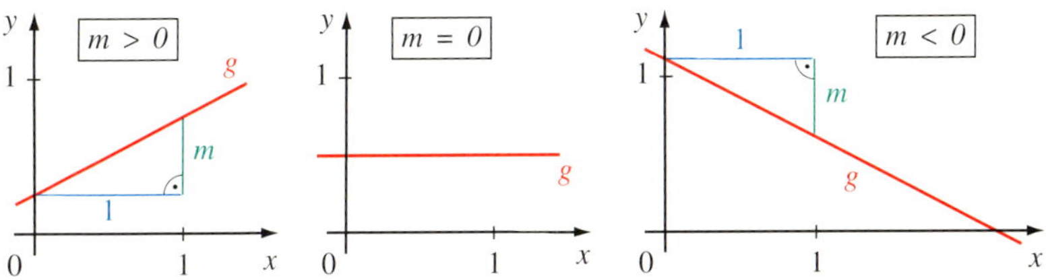

Ursprungsgeraden mit $y = m \cdot x$

Falls $t = 0$ ist, verläuft die Gerade durch den Ursprung.

- x-Achse: $y = 0$
- Winkelhalbierende des I. und III. Quadranten: $y = x$
- Winkelhalbierende des II. und IV. Quadranten: $y = -x$

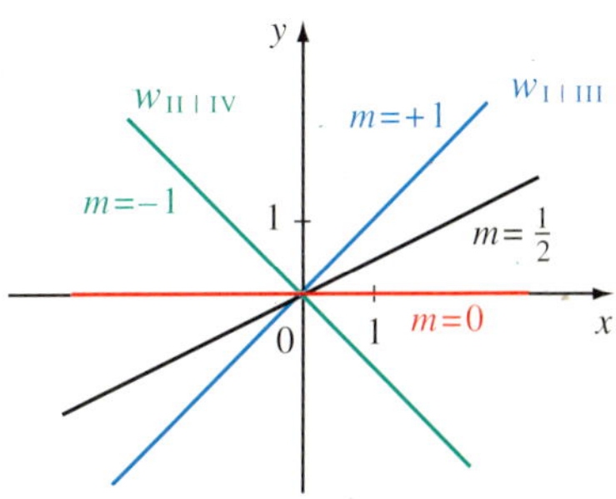

Punktsteigungsform der Geradengleichung

Eine Geradengleichung der Form

$$y = m \cdot (x - x_p) + y_p$$

beschreibt eine Gerade durch den Punkt $P(x_p | y_p)$ mit der Steigung m.

Allgemeine Form der Geradengleichung

Eine Gleichung der Form

$$a \cdot x + b \cdot y + c = 0 \qquad (a \neq 0 \vee b \neq 0)$$

heißt allgemeine Form der Geradengleichung.

- 1. *Fall:* $\mathbf{b \neq 0}$
  Falls $b \neq 0$ ist, läßt sich die allgemeine Form in die Normalform der Geradengleichung überführen.

  Beispiel $3 \cdot x + 2 \cdot y - 5 = 0$

  $\Leftrightarrow \quad y = -\frac{3}{2} \cdot x + 2{,}5 \quad$ mit $m = -\frac{3}{2}$ und $t = 2{,}5$

- 2. *Fall:* **b = 0 (und a ≠ 0)**

  $a \cdot x + c = 0$

  $\Leftrightarrow \quad x = -\frac{c}{a}$

  (keine Funktionsgleichung!)

  Die Gerade g verläuft parallel zur y-Achse.

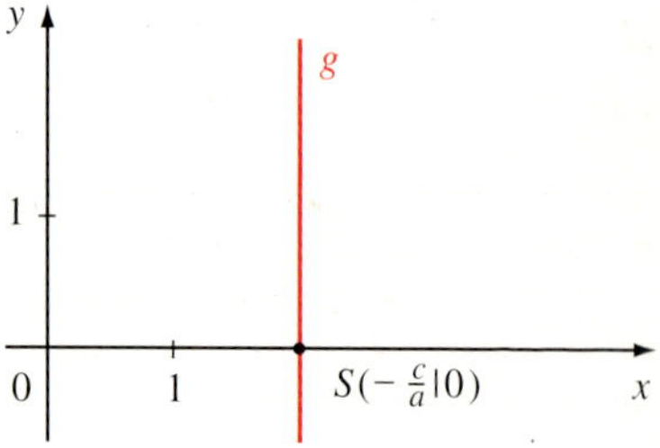

Parallele und zueinander senkrechte (orthogonale) Geraden

Für zwei Geraden g_1 mit $y = m_1 \cdot x + t_1$ und g_2 mit $y = m_2 \cdot x + t_2$ gilt:

$$g_1 \parallel g_2 \Leftrightarrow m_1 = m_2$$

$$g_1 \perp g_2 \Leftrightarrow m_2 = -\frac{1}{m_1} \qquad m_1 \neq 0$$

Parallelenschar

Eine Geradengleichung der Form

$$y = m_o \cdot x + t$$

mit fester Steigung $m_o \in \mathbb{R}$ und variablem y-Abschnitt $t \in \mathbb{R}$ beschreibt eine Parallelenschar $g(t)$.

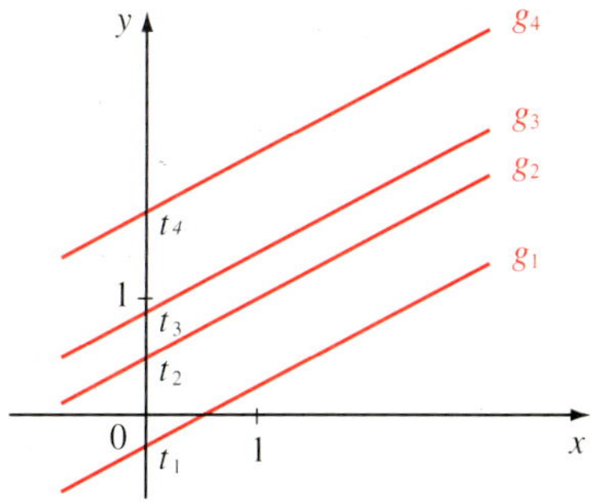

Geradenbüschel

Eine Geradengleichung der Form

$$y = m \cdot (x - x_B) + y_B$$

mit festen Punktkoordinaten x_B, $y_B \in \mathbb{R}$ und variabler Steigung $m \in \mathbb{R}$ beschreibt ein Geradenbüschel $g(m)$ mit dem Büschelpunkt $B(x_B \mid y_B)$.

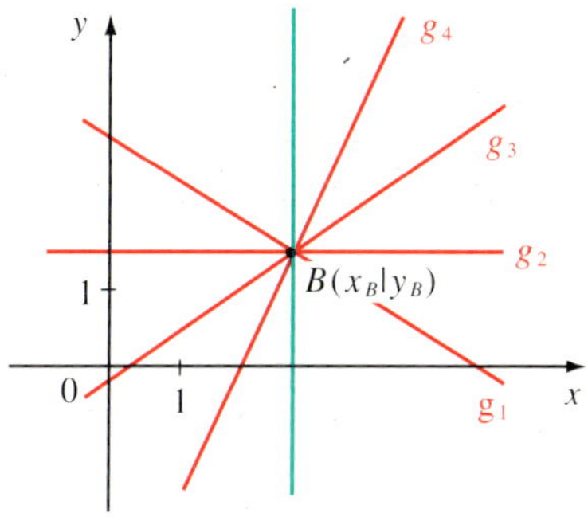

Die Parallele $x = x_B$ zur y-Achse wird durch die Büschelgleichung nicht erfaßt!

Quadratische Funktion – Parabel

Eine Funktion f mit der Gleichung

$$y = a \cdot x^2 + b \cdot x + c \qquad a \neq 0 \qquad \mathbb{G} = \mathbb{R} \times \mathbb{R}$$

heißt quadratische Funktion.

Der **Graph** der Funktion f ist eine *Parabel* mit dem Scheitelpunkt $S\,(x_s|y_s)$ und dem Streckungs- bzw. Stauchungsfaktor a.

Für die Koordinaten des *Scheitelpunktes* $S(x_s|y_s)$ gilt:

$$x_s = -\frac{b}{2a} \quad ; \quad y_s = c - \frac{b^2}{4a}$$

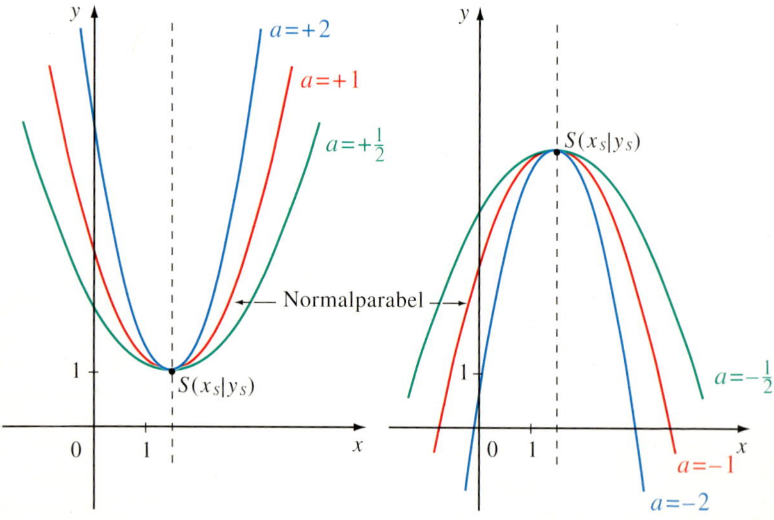

Die allgemeine Form $y = a \cdot x^2 + b \cdot x + c$ der Parabelgleichung läßt sich (mit quadratischer Ergänzung) in die **Scheitelform** überführen:

$$y = a \cdot (x - x_s)^2 + y_s$$

Definitionsmenge: $\mathbb{D} = \mathbb{R}$

Wertemenge: $\mathbb{W} = \{y | y \geqq y_s\}$ für $a > 0$
$\mathbb{W} = \{y | y \leqq y_s\}$ für $a < 0$

Symmetrie: Der Graph ist achsensymmetrisch bezüglich der Parallelen zur y-Achse mit der Gleichung $x = x_s$.

Normalparabel: Für $|a| = 1$ ergeben sich als Graphen Normalparabeln.

Potenzfunktion

Eine Funktion f mit der Gleichung

$$\boxed{y = x^q} \qquad q \in \mathbb{Q} \qquad \mathbb{G} = \mathbb{R} \times \mathbb{R}$$

heißt Potenzfunktion.

Potenzfunktionen mit natürlichem Exponenten

Funktionsgleichung

$$\boxed{y = x^n} \qquad n \in \mathbb{N} \setminus \{1\} \qquad \mathbb{G} = \mathbb{R} \times \mathbb{R}$$

Der **Graph** der Funktion f ist eine *Parabel n-ter Ordnung* durch die Punkte

1 (1 | 1) und (– 1 | – 1), falls n ungerade,

2 (1 | 1) und (– 1 | + 1), falls n gerade.

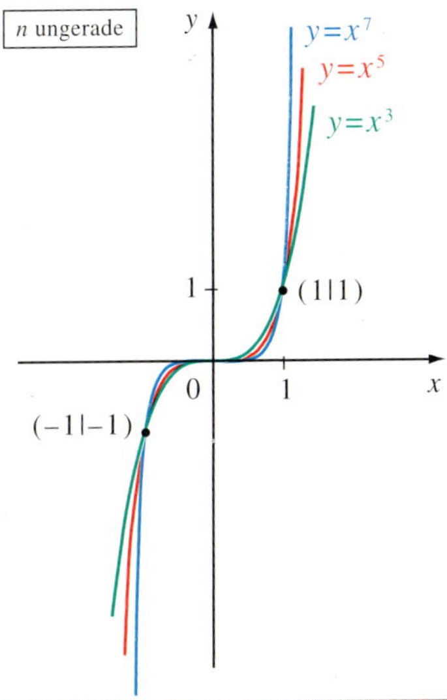

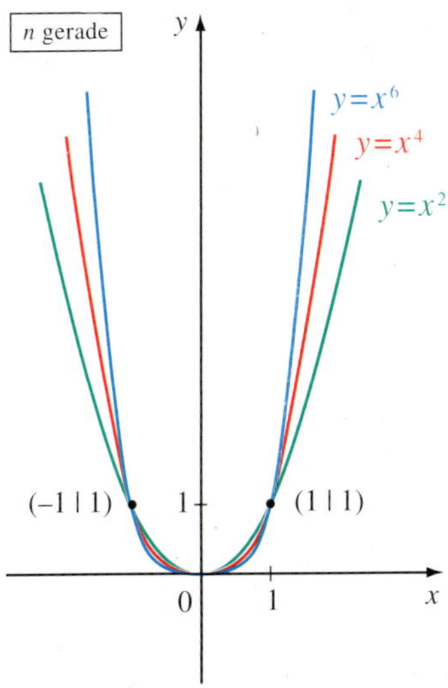

	n ungerade	n gerade
Definitionsmenge **Wertemenge** **Symmetrie**	$\mathbb{D} = \mathbb{R}$ $\mathbb{W} = \mathbb{R}$ Punktsymmetrie zum Ursprung	$\mathbb{D} = \mathbb{R}$ $\mathbb{W} = \mathbb{R}_0^+$ Achsensymmetrie zur y-Achse

Potenzfunktionen mit ganzzahligem, negativem Exponenten

Funktionsgleichung

$y = x^{-n}$ $\quad n \in \mathbb{N} \quad \mathbb{G} = \mathbb{R} \times \mathbb{R}$

Der **Graph** der Funktion f ist eine *Hyperbel n-ter Ordnung* durch die Punkte

1. $(1 \mid 1)$ und $(-1 \mid -1)$, falls n ungerade,
2. $(1 \mid 1)$ und $(-1 \mid +1)$, falls n gerade ist.

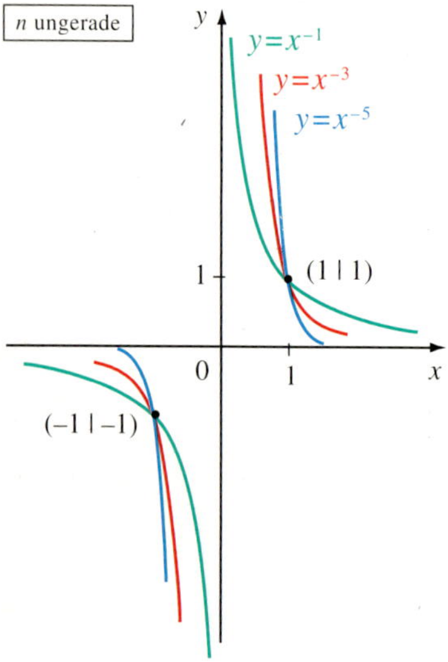

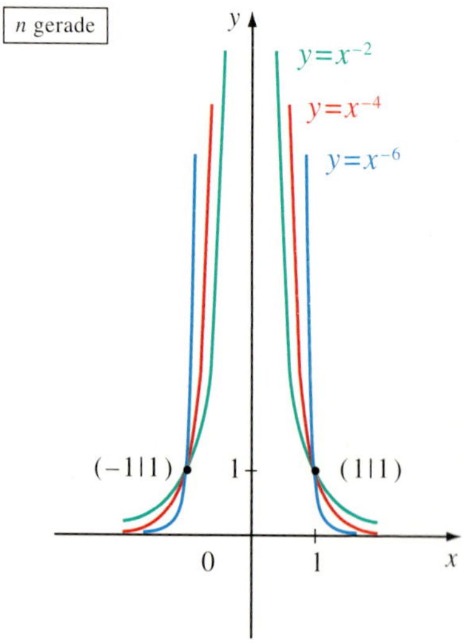

	n ungerade	n gerade
Definitionsmenge **Wertemenge** **Symmetrie**	$\mathbb{D} = \mathbb{R} \setminus \{0\}$ $\mathbb{W} = \mathbb{R} \setminus \{0\}$ Punktsymmetrie zum Urspung	$\mathbb{D} = \mathbb{R} \setminus \{0\}$ $\mathbb{W} = \mathbb{R}^+$ Achsensymmetrie zur y-Achse
Asymptoten	x-Achse und y-Achse	

Potenzfunktionen mit rationalem Exponenten

▶ *Positiver rationaler Exponent*

Funktionsgleichung

$$y = x^{\frac{m}{n}}$$

$m, n \in \mathbb{N} \quad m \neq n$
$\mathbb{G} = \mathbb{R} \times \mathbb{R}$

Der **Graph** der Funktion f ist ein *Parabelast* durch den Punkt (1|1).

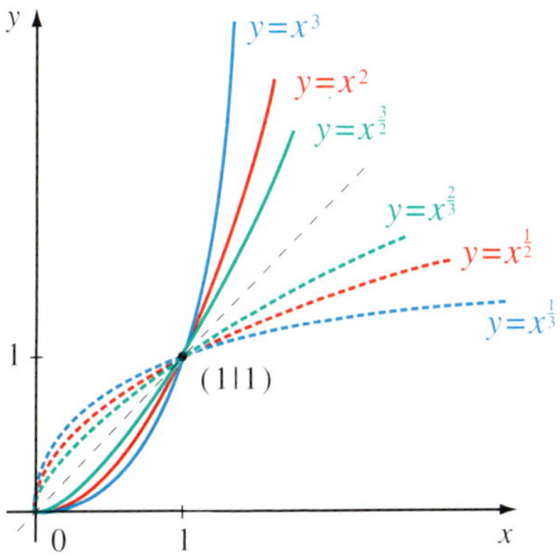

▶ *Negativer rationaler Exponent*

Funktionsgleichung

$$y = x^{-\frac{m}{n}}$$

$m, n \in \mathbb{N} \quad m \neq n$
$\mathbb{G} = \mathbb{R} \times \mathbb{R}$

Der **Graph** der Funktion f ist ein *Hyperbelast* durch den Punkt (1|1).

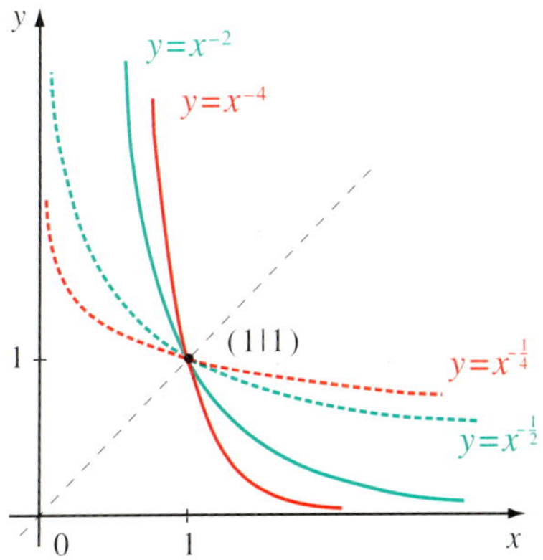

	$y = x^{\frac{m}{n}}$	$y = x^{-\frac{m}{n}}$
Definitionsmenge	$\mathbb{D} = \mathbb{R}_0^+$	$\mathbb{D} = \mathbb{R}^+$
Wertemenge	$\mathbb{W} = \mathbb{R}_0^+$	$\mathbb{W} = \mathbb{R}^+$
Asymptoten	keine	x-Achse und y-Achse

Exponentialfunktion

Eine Funktion f mit der Gleichung

$$y = a^x \qquad a \in \mathbb{R}^+ \setminus \{1\} \quad \mathbb{G} = \mathbb{R} \times \mathbb{R}$$

heißt Exponentialfunktion.

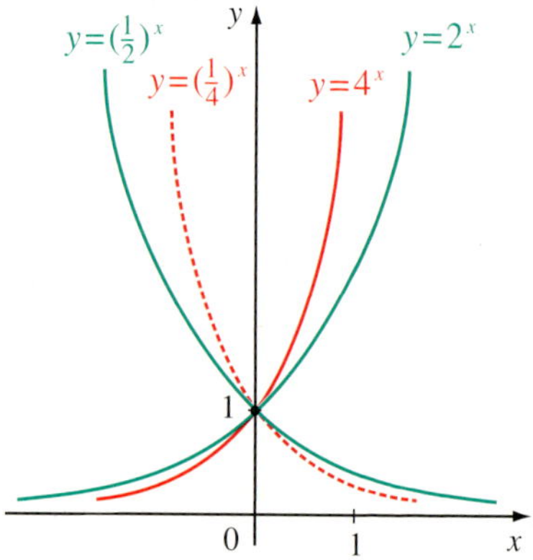

Der **Graph** der Funktion f ist eine *Exponentialkurve* durch den Punkt (0|1).

Definitionsmenge: $\mathbb{D} = \mathbb{R}$
Wertemenge: $\mathbb{W} = \mathbb{R}^+$
Asymptote: x-Achse

Logarithmusfunktion

Eine Funktion f mit der Gleichung

$$y = \log_a x \qquad a \in \mathbb{R}^+ \setminus \{1\} \quad \mathbb{G} = \mathbb{R} \times \mathbb{R}$$

heißt Logarithmusfunktion.

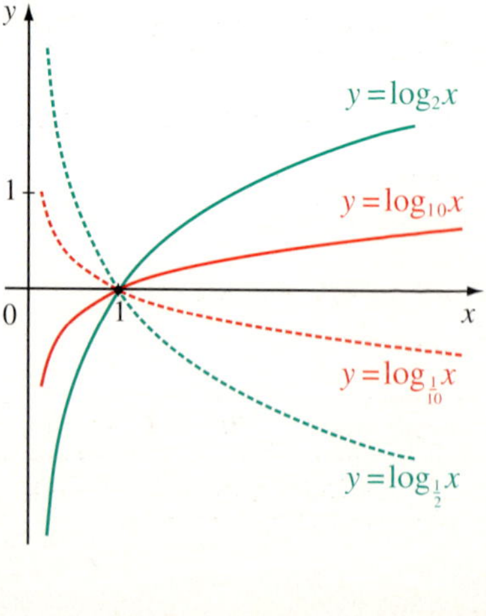

Der **Graph** der Funktion f ist eine *Logarithmuskurve* durch den Punkt (1|0).

Definitionsmenge: $\mathbb{D} = \mathbb{R}^+$
Wertemenge: $\mathbb{W} = \mathbb{R}$
Asymptote: y-Achse

Sinusfunktion

Eine Funktion f mit der Gleichung

$y = \sin x$ $\mathbb{G} = \mathbb{R} \times \mathbb{R}$ $y = \sin \alpha$ $\mathbb{G} = W_m \times \mathbb{R}$

W_m: Menge aller Winkelmaße

heißt Sinusfunktion.

Graph

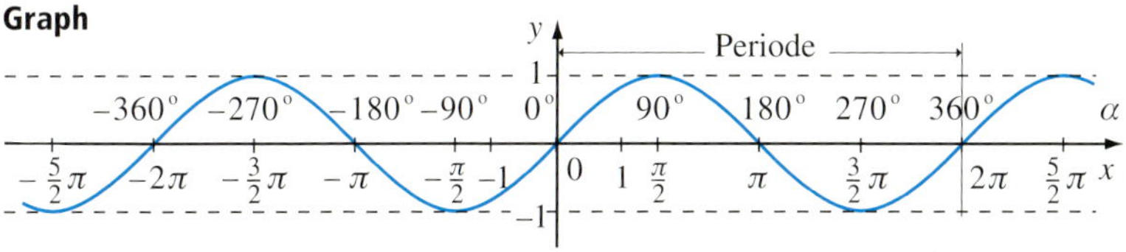

$k \in \mathbb{Z}$	$y = \sin x$	$y = \sin \alpha$
Definitionsmenge	$\mathbb{D} = \mathbb{R}$	$\mathbb{D} = W_m$
Wertemenge	$\mathbb{W} = \{y \mid -1 \leqq y \leqq 1\}_{\mathbb{R}}$	$\mathbb{W} = \{y \mid -1 \leqq y \leqq 1\}_{\mathbb{R}}$
Periode	2π	$360°$
Periodizität	$\sin(x + k \cdot 2\pi) = \sin x$	$\sin(\alpha + k \cdot 360°) = \sin \alpha$
Symmetrieachsen	$x = \frac{\pi}{2} + k \cdot \pi$	$\alpha = 90° + k \cdot 180°$
Symmetriezentren	$Z(k \cdot \pi \mid 0)$	$Z(k \cdot 180° \mid 0)$

Kosinusfunktion

Eine Funktion f mit der Gleichung

$y = \cos x$ $\mathbb{G} = \mathbb{R} \times \mathbb{R}$ $y = \cos \alpha$ $\mathbb{G} = W_m \times \mathbb{R}$

heißt Kosinusfunktion.

Graph

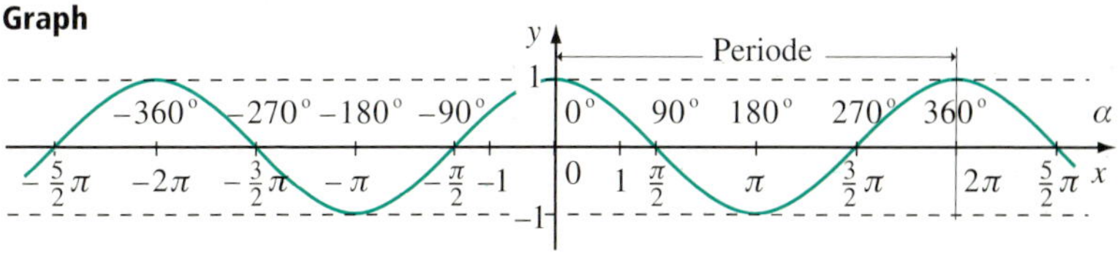

$k \in \mathbb{Z}$	$y = \cos x$	$y = \cos\alpha$
Definitionsmenge **Wertemenge** **Periode** **Periodizität**	$\mathbb{D} = \mathbb{R}$ $\mathbb{W} = \{y \mid -1 \leqq y \leqq 1\}_{\mathbb{R}}$ 2π $\cos(x + k \cdot 2\pi) = \cos x$	$\mathbb{D} = \mathrm{W_m}$ $\mathbb{W} = \{y \mid -1 \leqq y \leqq 1\}_{\mathbb{R}}$ $360°$ $\cos(\alpha + k \cdot 360°) = \cos\alpha$
Symmetrieachsen	$x = k \cdot \pi$	$\alpha = k \cdot 180°$
Symmetriezentren	$Z\left(\frac{\pi}{2} + k \cdot \pi \mid 0\right)$	$Z(90° + k \cdot 180° \mid 0)$

Tangensfunktion

Eine Funktion f mit der Gleichung

$y = \tan x$ $\mathbb{G} = \mathbb{R} \times \mathbb{R}$ oder $y = \tan\alpha$ $\mathbb{G} = \mathrm{W_m} \times \mathbb{R}$

heißt Tangensfunktion.

Graph:

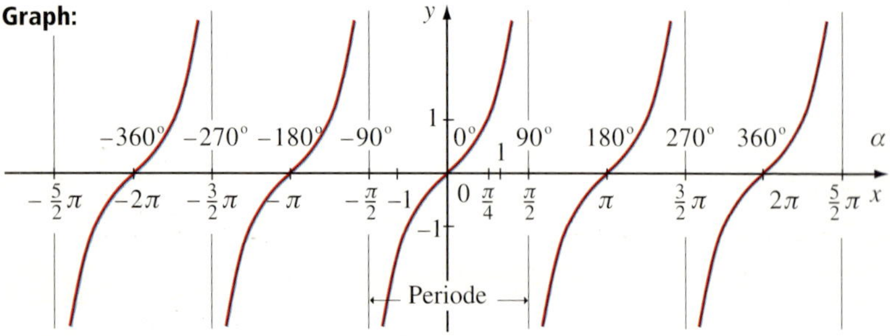

$k \in \mathbb{Z}$	$\tan x$	$\tan\alpha$
Definitionsmenge **Wertemenge** **Periode** **Periodizität**	$\mathbb{D} = \{x \mid x \neq \frac{\pi}{2} + k \cdot \pi\}_{\mathbb{R}}$ $\mathbb{W} = \mathbb{R}$ π $\tan(x + k \cdot \pi) = \tan x$	$\mathbb{D} = \{\alpha \mid \alpha \neq 90° + k \cdot 180°\}_{\mathrm{W_m}}$ $\mathbb{W} = \mathbb{R}$ $180°$ $\tan(\alpha + k \cdot 180°) = \tan\alpha$
Asymptoten	$x = \frac{\pi}{2} + k \cdot \pi$	$\alpha = 90° + k \cdot 180°$
Symmetriezentren	$Z\left(k \cdot \frac{\pi}{2} \mid 0\right)$	$Z(k \cdot 90° \mid 0)$

Neben- und Scheitelwinkel

Nebenwinkel

Die Maße zweier Nebenwinkel betragen zusammen 180°.

$\alpha + \beta = 180^\circ$

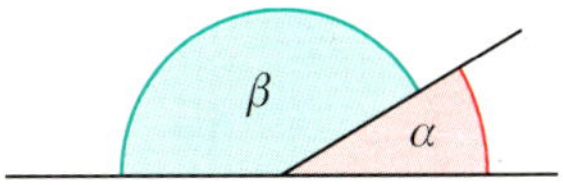

Scheitelwinkel

Scheitelwinkel sind maßgleich.

$\alpha = \alpha'$

$\beta = \beta'$

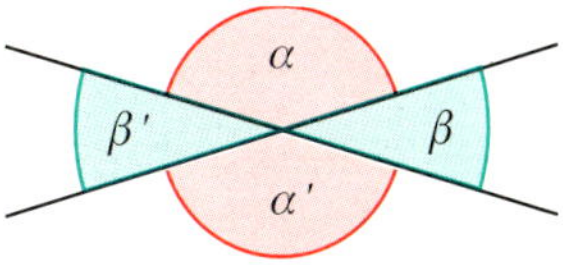

Winkel an Parallelen

An jeder Doppelkreuzung mit zwei parallelen Geraden gilt:

1 Stufenwinkel (F-Winkel)

Stufenwinkel sind maßgleich.

$\alpha_1 = \alpha_2$

$\beta_1 = \beta_2$

$\gamma_1 = \gamma_2$

$\delta_1 = \delta_2$

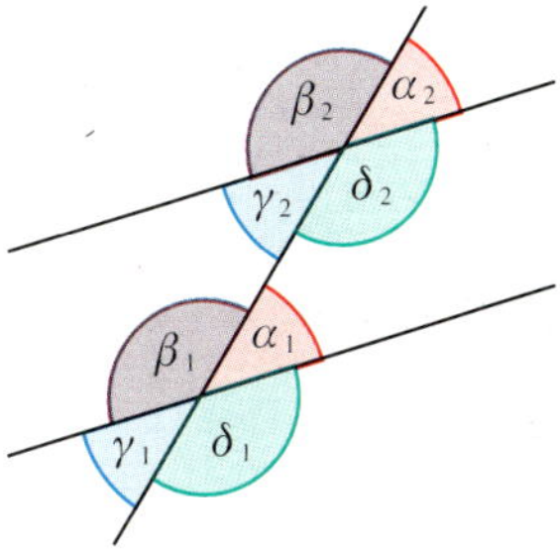

2 Wechselwinkel (Z-Winkel)

Wechselwinkel sind maßgleich.

$\alpha_1 = \gamma_2$

$\beta_1 = \delta_2$

$\gamma_1 = \alpha_2$

$\delta_1 = \beta_2$

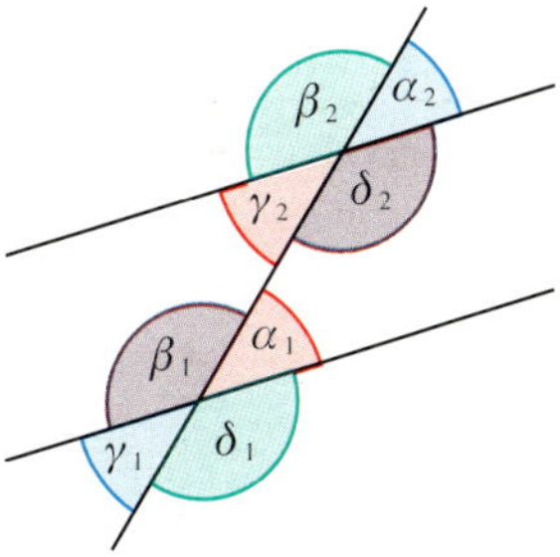

3 Nachbarwinkel (E-Winkel)

Die Maße zweier Nachbarwinkel betragen zusammen 180°.

$\alpha_1 + \delta_2 = 180^\circ$

$\beta_1 + \gamma_2 = 180^\circ$

$\gamma_1 + \beta_2 = 180^\circ$

$\delta_1 + \alpha_2 = 180^\circ$

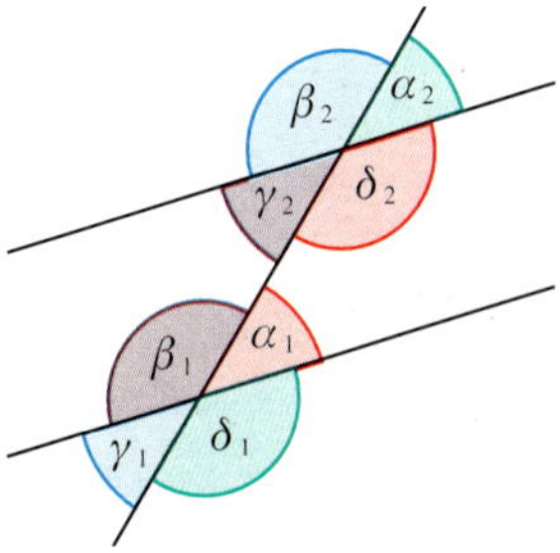

Kreislinie

Die Kreislinie k mit dem Mittelpunkt M und dem Radius r ist die Ortslinie für alle Punkte P, die von M die Entfernung r haben.

$k(M; r) = \{P \mid \overline{PM} = r\}$

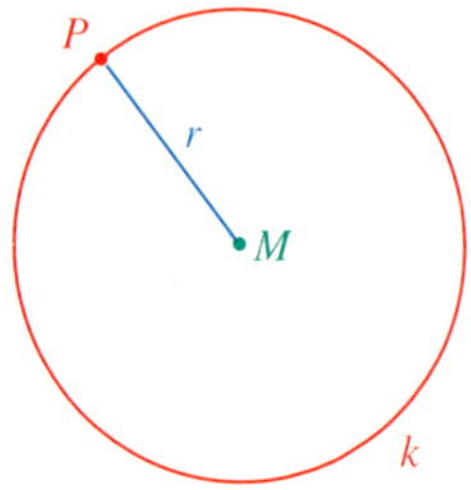

Mittelsenkrechte

Die Mittelsenkrechte der Strecke $[AB]$ ist die Ortslinie für alle Punkte P, die von den Punkten A und B die gleiche Entfernung haben.

$m_{[AB]} = \{P \mid \overline{PA} = \overline{PB}\}$

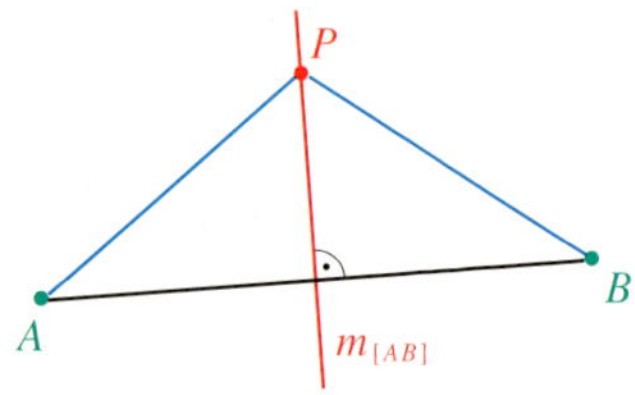

Winkelhalbierendenpaar

Das Winkelhalbierendenpaar $(w_1 \mid w_2)$ von zwei sich schneidenden Geraden g_1 und g_2 ist die Ortslinie für alle Punkte P, die von g_1 und g_2 den gleichen Abstand haben.

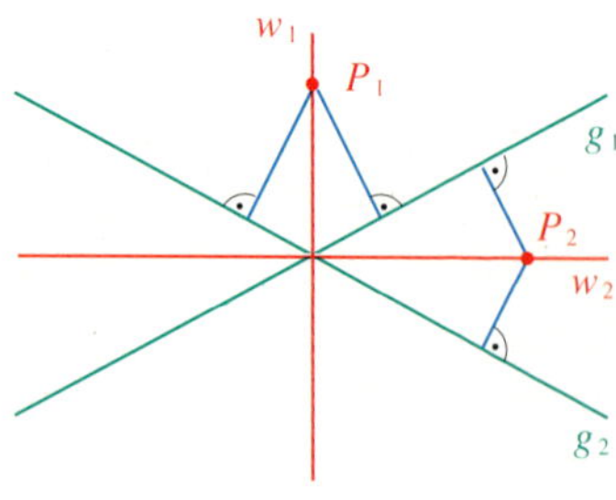

$w_1 \cup w_2 = \{P \mid d(P; g_1) = d(P; g_2) \wedge g_1 \nparallel g_2\}$

Mittelparallele

Die Mittelparallele m zu zwei parallelen Geraden g_1 und g_2 ist die Ortslinie für alle Punkte P, die von g_1 und g_2 den gleichen Abstand haben.

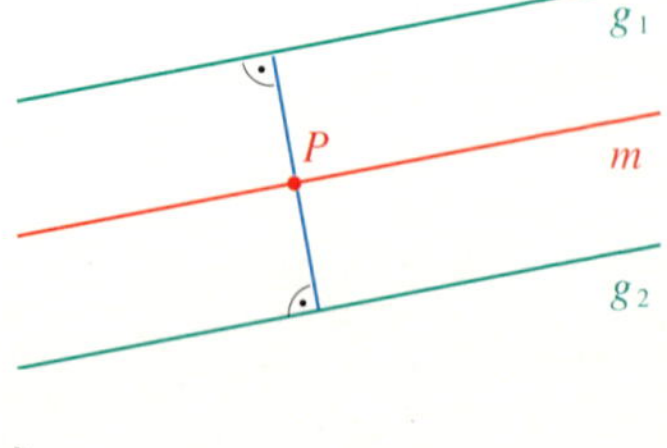

$m = \{P \mid d\,(P; g_1) = d(P; g_2) \wedge g_1 \parallel g_2\}$

Parallelenpaar

Das Parallelenpaar $(p_1 | p_2)$ zu einer Geraden g im Abstand a ist die Ortslinie für alle Punkte P, die von g den gleichen Abstand a haben.

$p_1 \cup p_2 = \{P \mid d\,(P; g) = a\}$

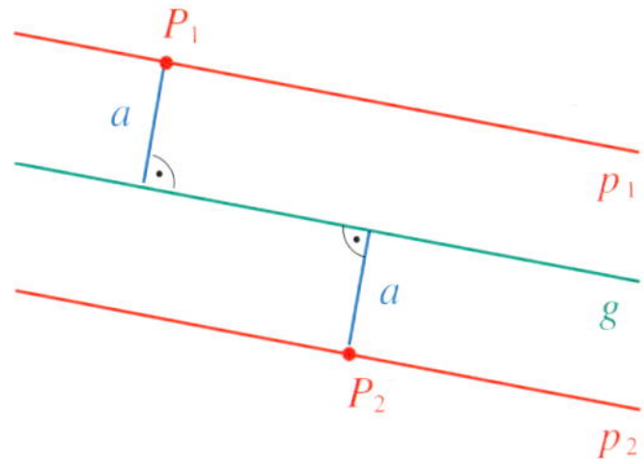

Kreis des Thales[1]

Der Kreis mit dem Durchmesser $[AB]$ ist die Ortslinie für alle Punkte P, von denen aus die Strecke $[AB]$ unter einem rechten Winkel erscheint.

$k_{Th} = \{P \mid \sphericalangle APB = 90^\circ \ \vee \ \sphericalangle BPA = 90^\circ\}$

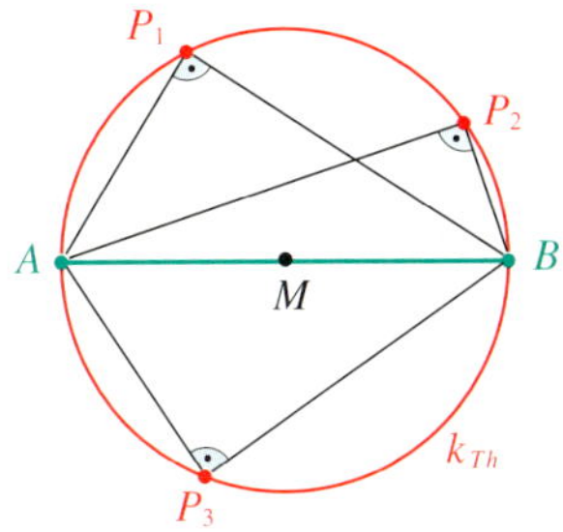

Kreisbogenpaar[2]

Das Kreisbogenpaar (zu einem gegebenen Winkel α) mit der Sehne $[AB]$ ist die Ortslinie für alle Punkte P, von denen aus die Strecke $[AB]$ unter dem Winkel α erscheint.

$k_\alpha = \{P \mid \sphericalangle APB = \alpha \ \vee \ \sphericalangle BPA = \alpha\}$

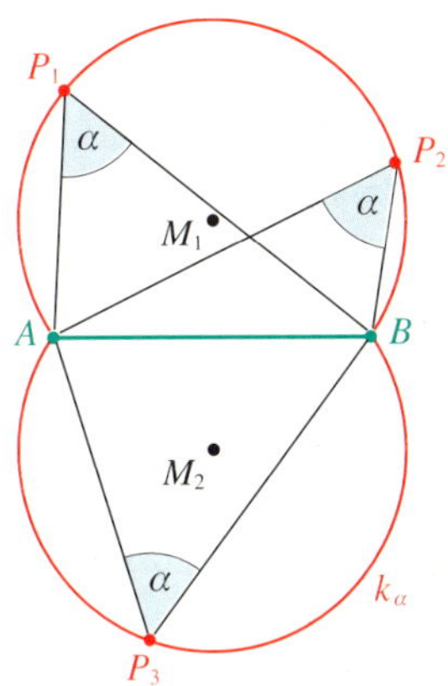

[1,2] Die Punkte A und B gehören nicht zur Ortslinie.

Kreis

Begriffe

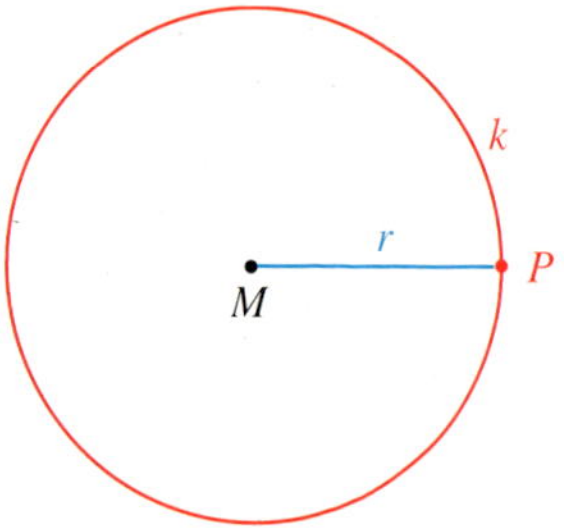

Kreislinie: $k\ (M;\ r) = \{P \mid \overline{PM} = r\}$

Kreisinnengebiet: $k_i\ (M;\ r) = \{P \mid \overline{PM} < r\}$

Kreisfläche: $K\ (M;\ r) = \{P \mid \overline{PM} \leqq r\}$

Kreisaußengebiet: $k_a\ (M;\ r) = \{P \mid \overline{PM} > r\}$

Kreis und Gerade

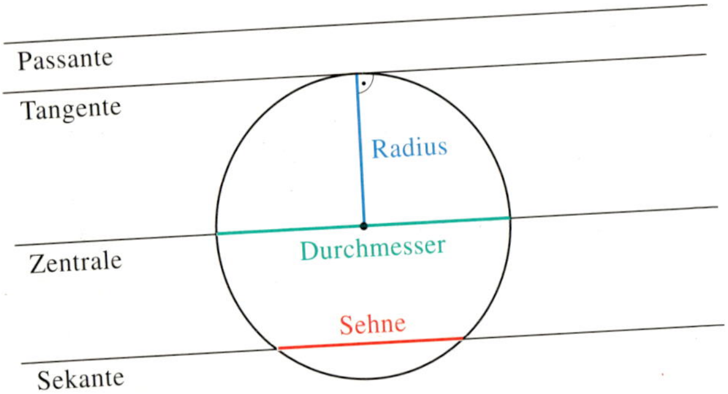

Thaleskreis

s. S. 45

Rand- und Mittelpunktswinkel

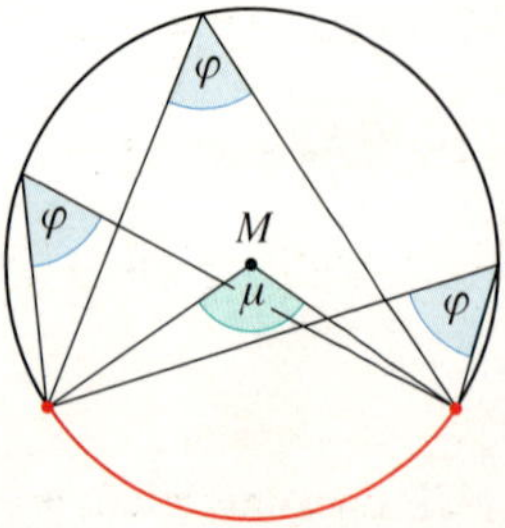

1 Alle Randwinkel über demselben Kreisbogen sind maßgleich.

2 Ein Randwinkel über einem Kreisbogen ist halb so groß wie der Mittelpunktswinkel über demselben Kreisbogen.

$$\varphi = \frac{\mu}{2}$$

3 Spezialfall:
Satz des Thales ($\varphi = 90°$, $\mu = 180°$)

Tangenten von einem Punkt $P \in k_a$ an den Kreis

Von einem Punkt P außerhalb des Kreises lassen sich zwei Tangenten an den Kreis zeichnen. Die dabei entstehenden Tangentenabschnitte sind gleich lang:

$$\overline{PB_1} = \overline{PB_2}$$

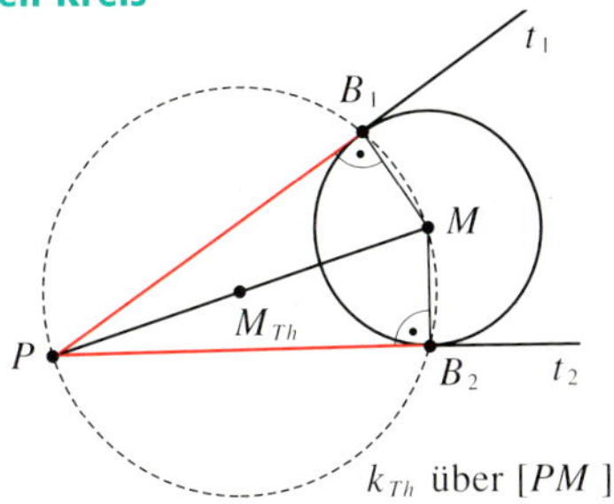

Sätze am Kreis

Sehnensatz

$\overline{SA} \cdot \overline{SB} = \overline{SC} \cdot \overline{SD}$

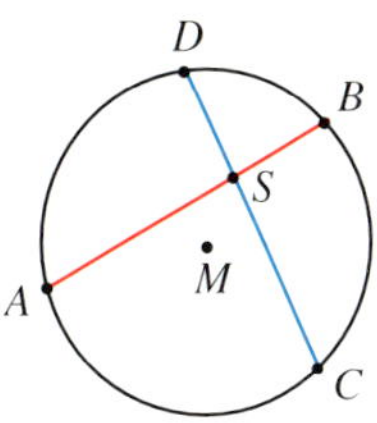

Sekantensatz

$\overline{PA} \cdot \overline{PB} = \overline{PC} \cdot \overline{PD}$

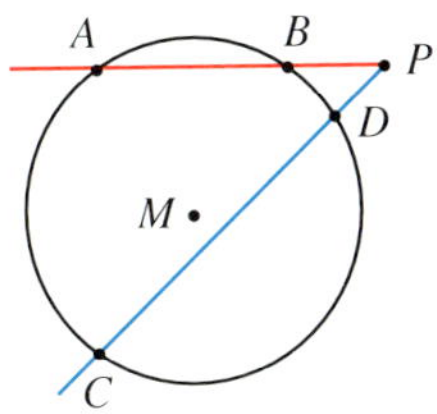

Sekanten-Tangentensatz

$\overline{PA} \cdot \overline{PB} = \overline{PT}^2$

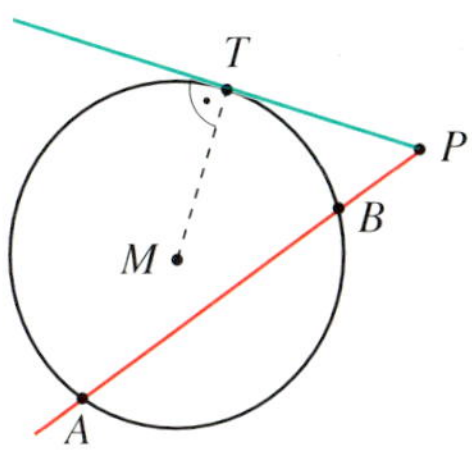

Berechnungen am Kreis

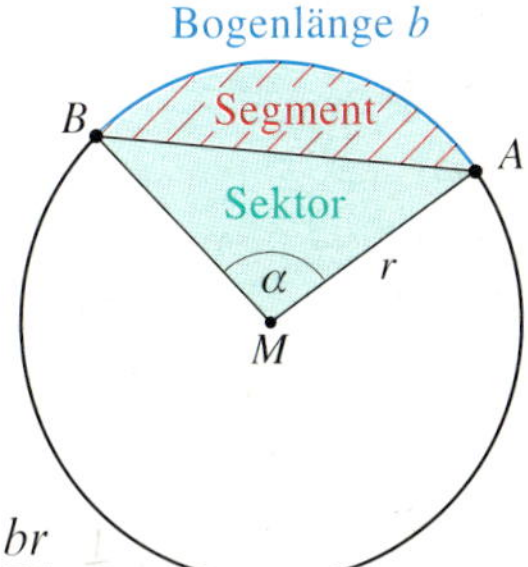

Umfang: $u = 2r\pi$

Bogenlänge: $b = \frac{\alpha}{360°} \cdot 2r\pi$

Kreisflächeninhalt: $A = r^2\pi$

Sektorflächeninhalt: $A_{Sektor} = \frac{\alpha}{360°} \cdot r^2\pi = \frac{br}{2}$

Segmentflächeninhalt: $A_{Segment} = A_{Sektor} - A_{\Delta MAB}$

$$A_{Segment} = \frac{\alpha}{360°} r^2\pi - \frac{r^2 \cdot \sin\alpha}{2}$$

Näherungswert für π: 3, 141592654

Abhängigkeiten zwischen Größen des Dreiecks

Winkel im Dreieck

1. Die Maße der Innenwinkel eines Dreiecks betragen zusammen 180°.

   $\alpha + \beta + \gamma = 180°$

2. Die Maße der Außenwinkel eines Dreiecks betragen zusammen 360°.

   $\alpha' + \beta' + \gamma' = 360°$

3. Das Maß eines Außenwinkels ist gleich der Summe der Maße der beiden nicht anliegenden Innenwinkel.

   $\alpha' = \beta + \gamma;$
   $\beta' = \alpha + \gamma;$
   $\gamma' = \alpha + \beta$

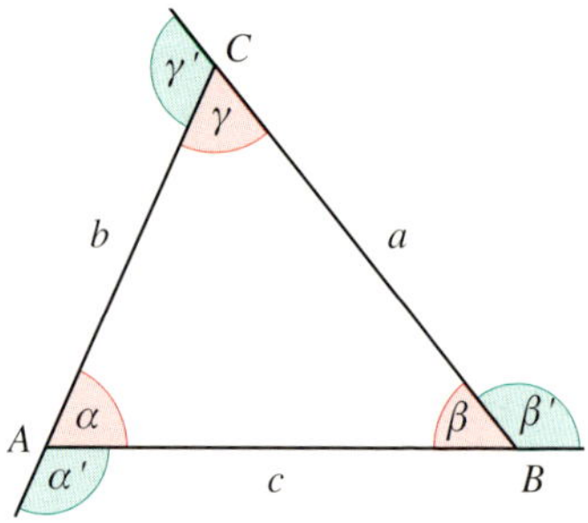

α, β, γ : Innenwinkelmaße

α', β', γ' : Außenwinkelmaße

Seiten – Winkel – Beziehung

Im Dreieck liegt der größeren von zwei Seiten der größere Winkel gegenüber; umgekehrt liegt dem größeren von zwei Winkeln die größere Seite gegenüber.

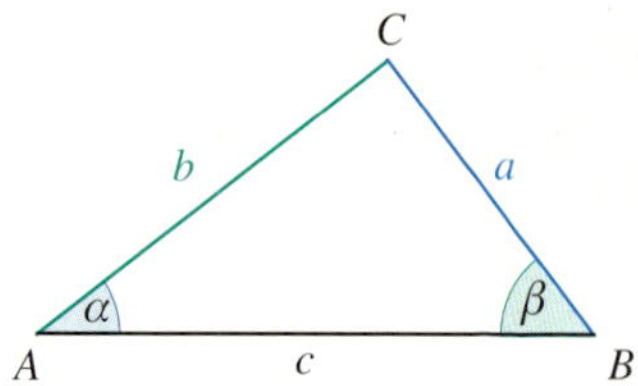

$b > a \Leftrightarrow \beta > \alpha$

Beziehungen zwischen den Dreiecksseiten

Im Dreieck ist die Länge einer Dreiecksseite stets kleiner als die Summe und größer als die Differenz der anderen beiden Seitenlängen.

1. $a < b + c;\quad b < a + c;\quad c < a + b$ (Dreiecksungleichung)
2. $a > |b - c|;\quad b > |a - c|;\quad c > |a - b|$

Besondere Linien im Dreieck

Mittelsenkrechte (Umkreis)

Die Mittelsenkrechten im Dreieck schneiden sich in einem Punkt M. Der Schnittpunkt M ist Mittelpunkt des Umkreises $k\ (M;\ r)$.

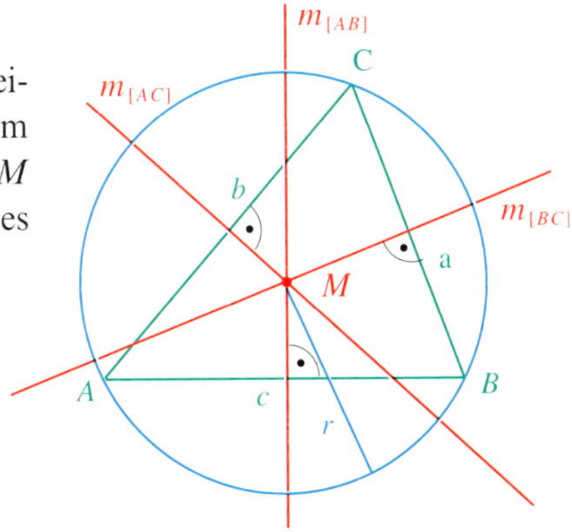

$$2r = \frac{a}{\sin\alpha} = \frac{b}{\sin\beta} = \frac{c}{\sin\gamma}$$

Winkelhalbierende (Inkreis)

Die Winkelhalbierenden im Dreieck schneiden sich in einem Punkt M_i.
Der Schnittpunkt M_i ist Mittelpunkt des Inkreises $k\ (M_i\ ;\ \varrho)$.

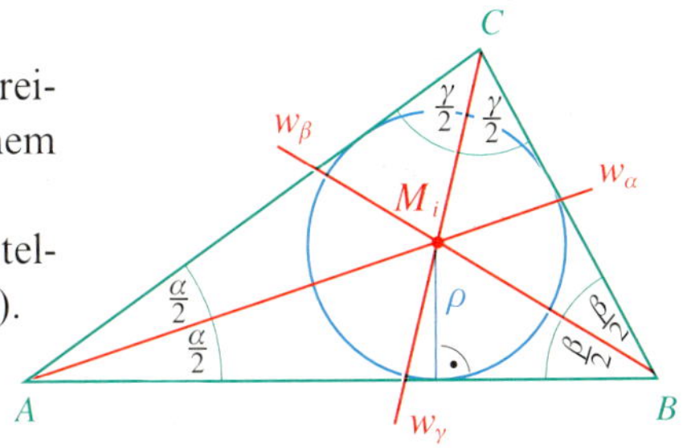

Höhen

Die Höhen im Dreieck schneiden sich in einem Punkt.

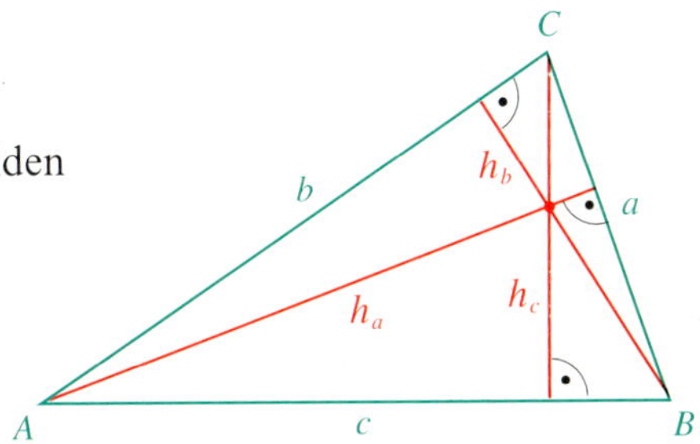

Seitenhalbierende (Schwerpunkt)

Die Seitenhalbierenden im Dreieck schneiden sich in einem Punkt S, dem Schwerpunkt des Dreiecks.
Es gilt:

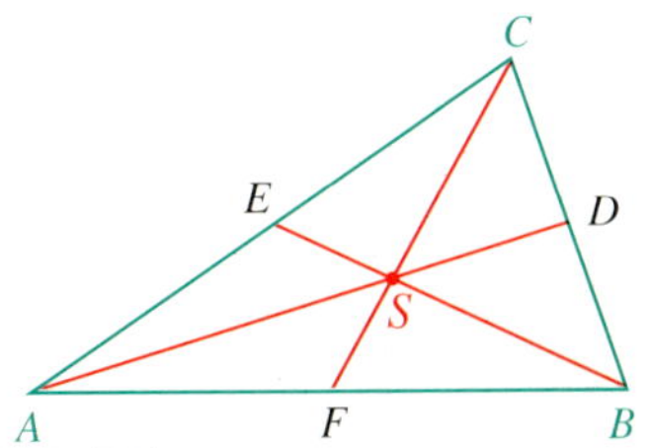

$$\overline{AS} : \overline{SD} = 2 : 1 \quad \overline{BS} : \overline{SE} = 2 : 1 \quad \overline{CS} : \overline{SF} = 2 : 1$$

Schwerpunkt eines Dreiecks im Koordinatensystem:

$$\begin{pmatrix} x_s \\ y_s \end{pmatrix} = \frac{1}{3}\left[\begin{pmatrix} x_A \\ y_A \end{pmatrix} \oplus \begin{pmatrix} x_B \\ y_B \end{pmatrix} \oplus \begin{pmatrix} x_C \\ y_C \end{pmatrix}\right]$$

$$S\left(\frac{x_A + x_B + x_C}{3} \;\middle|\; \frac{y_A + y_B + y_C}{3}\right)$$

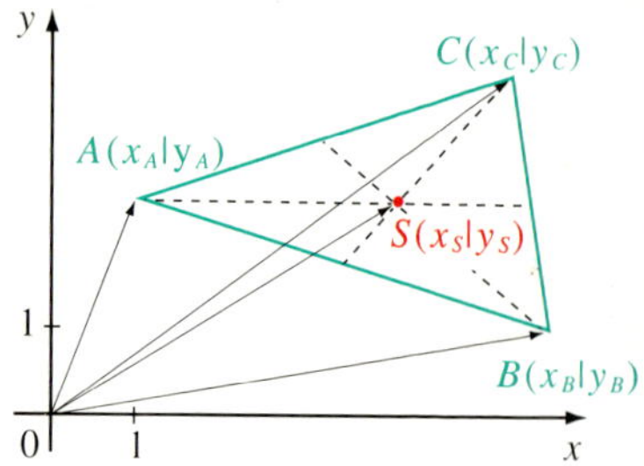

Berechnungen am Dreieck

Flächeninhalt

$$A = \frac{1}{2} \cdot a \cdot h_a = \frac{1}{2} \cdot b \cdot h_b = \frac{1}{2} \cdot c \cdot h_c$$

$$A = \frac{1}{2} \cdot a \cdot b \cdot \sin\gamma = \frac{1}{2} \cdot b \cdot c \cdot \sin\alpha = \frac{1}{2} \cdot c \cdot a \cdot \sin\beta$$

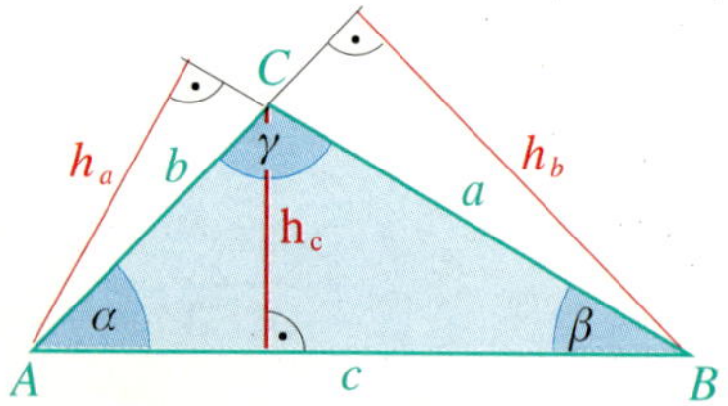

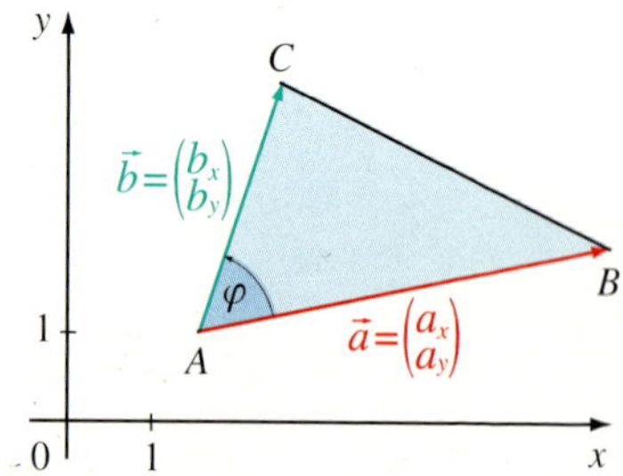

Im Koordinatensystem gilt:

$$A = \frac{1}{2} \cdot \begin{vmatrix} a_x & b_x \\ a_y & b_y \end{vmatrix} FE = \frac{1}{2} \cdot \left(a_x \cdot b_y - a_y \cdot b_x \right) FE$$

↑ 1. Vektor ↑ 2. Vektor

Als erster Vektor ist derjenige Vektor zu wählen, der, im Gegenuhrzeigersinn gedreht, den Zwischenwinkel φ ($0^\circ \leqq \varphi \leqq 180^\circ$) überstreicht.

Sinussatz

$$\frac{a}{\sin\alpha} = \frac{b}{\sin\beta}$$

$$\frac{b}{\sin\beta} = \frac{c}{\sin\gamma}$$

$$\frac{c}{\sin\gamma} = \frac{a}{\sin\alpha}$$

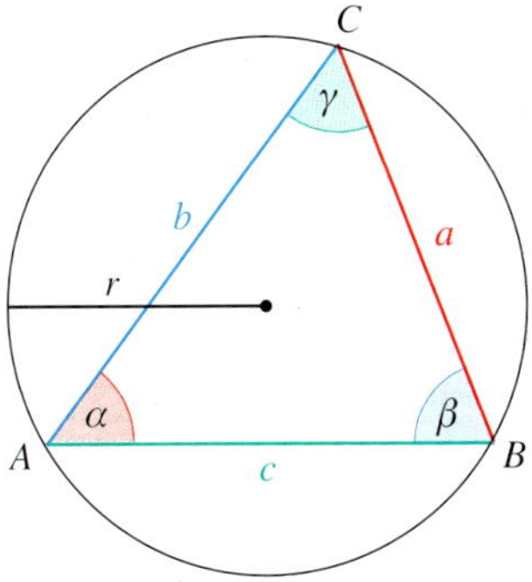

Umkreisradius

$$2r = \frac{a}{\sin\alpha} = \frac{b}{\sin\beta} = \frac{c}{\sin\gamma}$$

Kosinussatz

$$a^2 = b^2 + c^2 - 2 \cdot b \cdot c \cdot \cos\alpha$$

$$b^2 = a^2 + c^2 - 2 \cdot a \cdot c \cdot \cos\beta$$

$$c^2 = a^2 + b^2 - 2 \cdot a \cdot b \cdot \cos\gamma$$

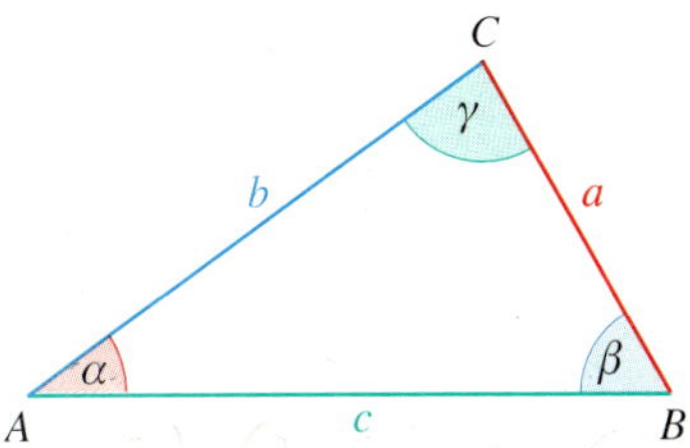

Dreieckssonderformen

Gleichschenkliges Dreieck

1. Die Schenkel sind gleich lang.
   $a = b$
2. Die Basiswinkel sind maßgleich.
   $\alpha = \beta$
3. Es gibt eine Symmetrieachse.

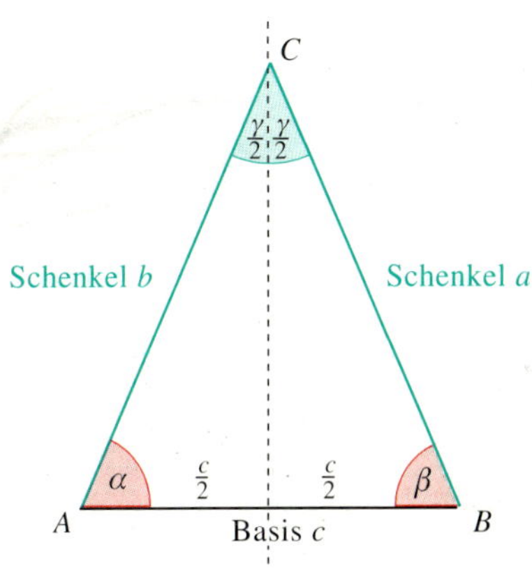

Gleichseitiges Dreieck

1. Die Dreiecksseiten sind gleich lang.
   $a = b = c$
2. Die Innenwinkel sind maßgleich.
   $\alpha = \beta = \gamma = 60°$
3. Es gibt drei Symmetrieachsen.
4. Berechnungen:

$$h = \frac{a}{2} \cdot \sqrt{3}$$

$$A = \frac{a^2}{4} \cdot \sqrt{3}$$

$$r = \frac{a}{3} \sqrt{3}$$

$$\rho = \frac{a}{6} \sqrt{3}$$

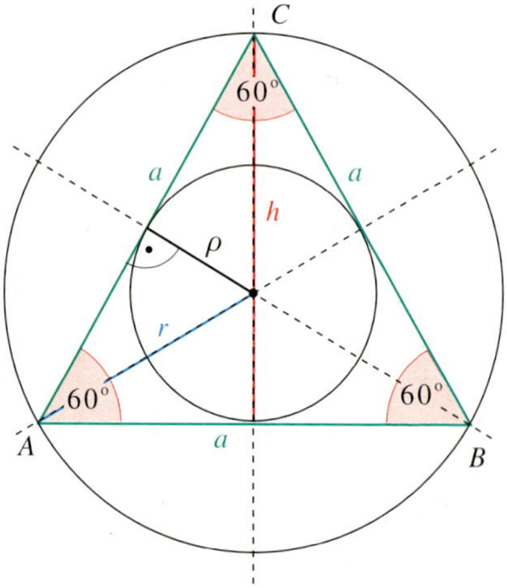

Rechtwinkliges Dreieck

1. Das Maß des der Hypotenuse gegenüberliegenden Winkels beträgt 90°.
   $\gamma = 90°$
2. Die Summe der beiden anderen Innenwinkel beträgt 90°.
3. Es gibt i.a. keine Symmetrieachse.

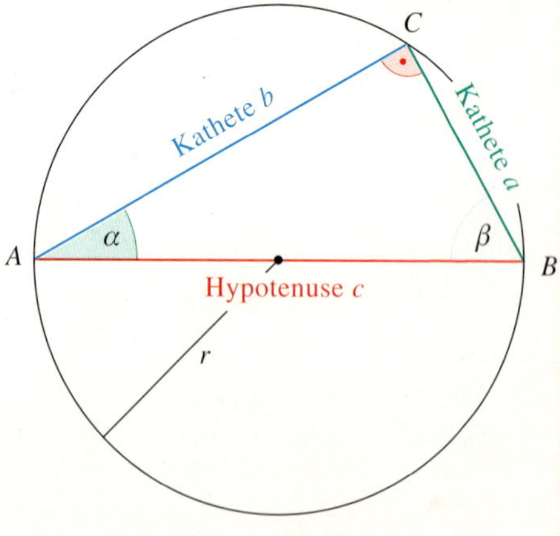

4 Berechnungen:

Satz des Pythagoras: $c^2 = a^2 + b^2$	Kathetensatz: $a^2 = c \cdot p$ $b^2 = c \cdot q$	Höhensatz: $h^2 = p \cdot q$

Flächeninhalt: $A = \frac{1}{2} \cdot a \cdot b = \frac{1}{2} \cdot c \cdot h$

Umkreisradius: $r = \frac{c}{2}$
(Thaleskreisradius)

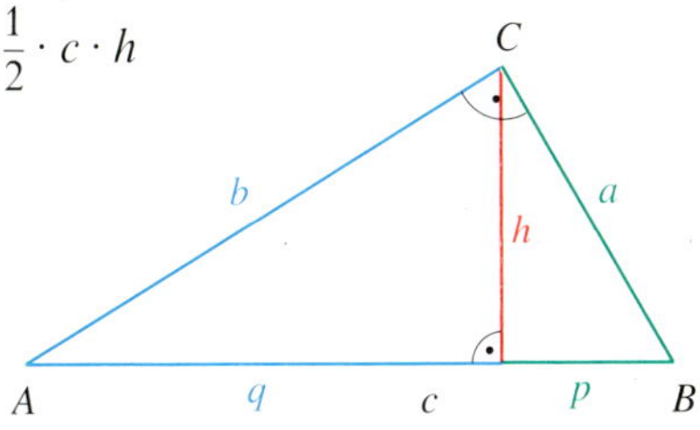

Gleichschenklig – rechtwinkliges Dreieck

1 Die Katheten sind gleich lang.
$a = b$

2 Die Basiswinkel haben das Maß 45°.
$\alpha = \beta = 45°$

3 Es gibt eine Symmetrieachse.

4 Berechnungen:

$c = a \cdot \sqrt{2}$

$h = \frac{c}{2} = \frac{a}{2} \cdot \sqrt{2}$

$A = \frac{c^2}{4} = \frac{a^2}{2}$

$r = \frac{c}{2}$

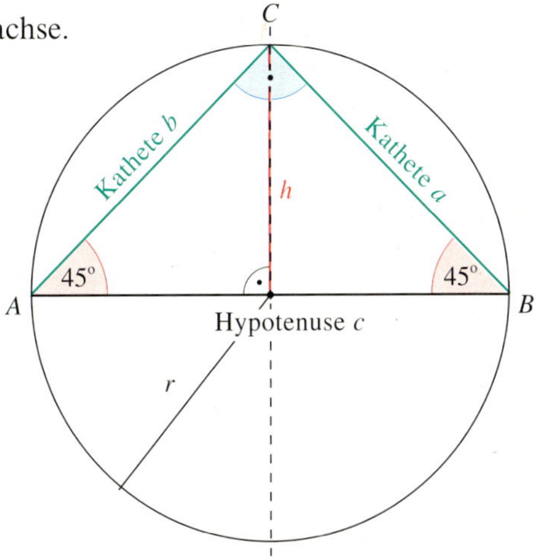

Kongruenzsätze

Kongruenz

Zwei Figuren heißen kongruent (deckungsgleich), wenn sie sich durch eine oder mehrere Achsenspiegelungen aufeinander abbilden lassen.

Kongruenzsätze

Kongruenzsatz	Dreiecke sind bereits kongruent, wenn sie übereinstimmen in	Skizze
SSS	der Länge der drei Seiten	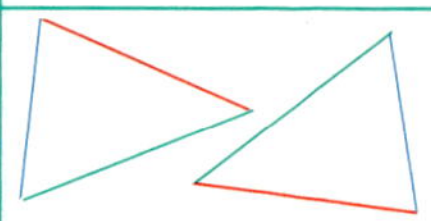
SWS	der Länge zweier Seiten und dem Maß des eingeschlossenen Winkels	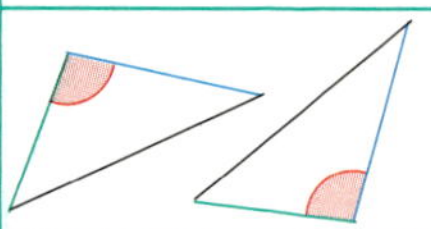
SsW_g	der Länge zweier Seiten und dem Maß des Gegenwinkels der größeren von beiden Seiten	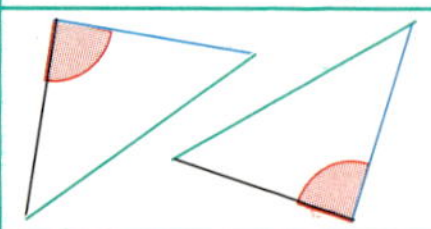
WSW bzw. SWW	der Länge einer Seite und dem Maß von zwei gleichliegenden Winkeln	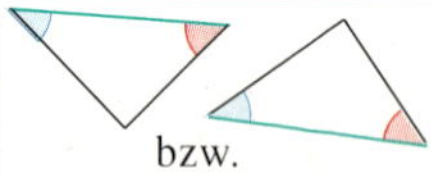 bzw. 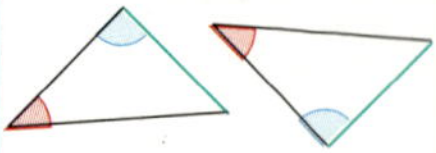

Ähnlichkeitssätze

Ähnlichkeit

Zwei Figuren heißen ähnlich (formgleich), wenn sie sich durch eine Ähnlichkeitsabbildung aufeinander abbilden lassen.

Ähnlichkeitssätze

Ähnlichkeits-satz	Dreiecke sind bereits ähnlich, wenn sie übereinstimmen in	Skizze
SSS	dem Verhältnis der drei Seiten	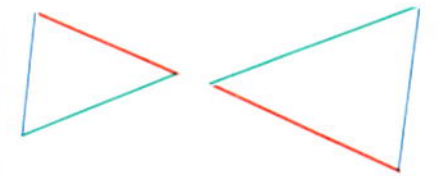
SWS	dem Verhältnis zweier Seiten und dem Maß des eingeschlossenen Winkels	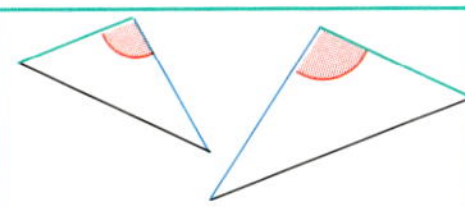
SsW_g	dem Verhältnis von zwei Seiten und dem Maß des Gegenwinkels der größeren von beiden Seiten	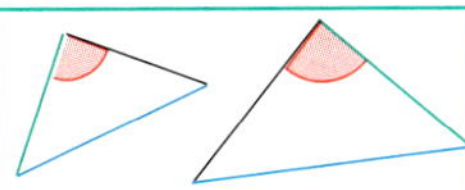
WW	den Maßen von zwei Winkeln	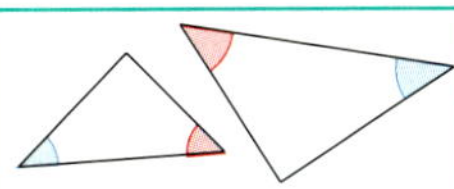

Vierstreckensatz

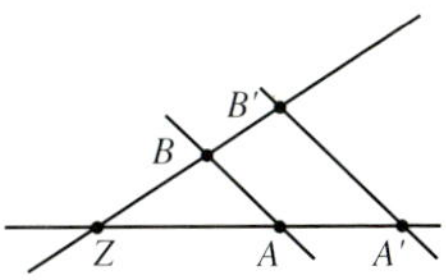

$A'B' \parallel AB$

1 $\overline{ZA'} : \overline{ZA} = \overline{ZB'} : \overline{ZB}$

$\overline{AA'} : \overline{ZA} = \overline{BB'} : \overline{ZB}$

2 $\overline{A'B'} : \overline{AB} = \overline{ZA'} : \overline{ZA}$

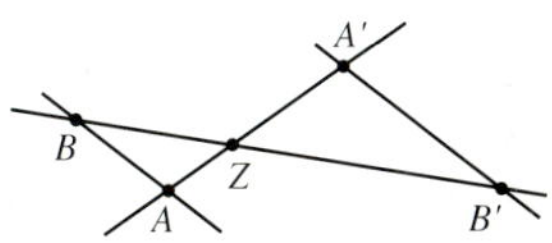

Teilung einer Strecke ($a, b \in \mathbb{N}$)

T: Teilpunkt der Strecke $[AB]$

Teilverhältnis: $\dfrac{\overline{AT}}{\overline{TB}} = \dfrac{a}{b} = k$

▶ Im Koordinatensystem gilt:

$$\begin{pmatrix} x_T \\ y_T \end{pmatrix} = \frac{1}{1+k} \cdot \left[\begin{pmatrix} x_A \\ y_A \end{pmatrix} \oplus k \cdot \begin{pmatrix} x_B \\ y_B \end{pmatrix} \right]$$

$$T\left(\frac{x_A + k \cdot x_B}{1+k} \,\middle|\, \frac{y_A + k \cdot y_B}{1+k} \right)$$

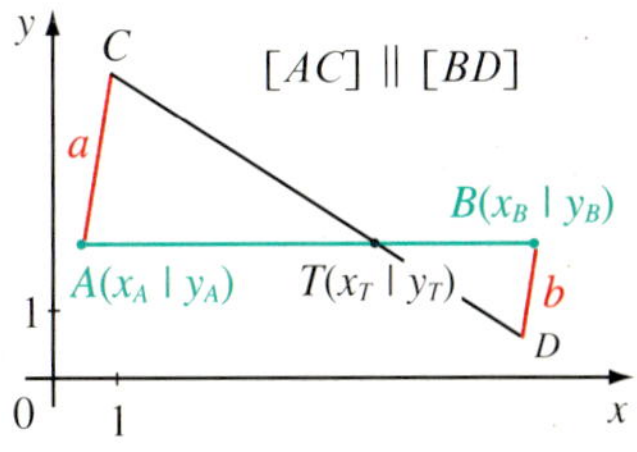

Sehnenviereck

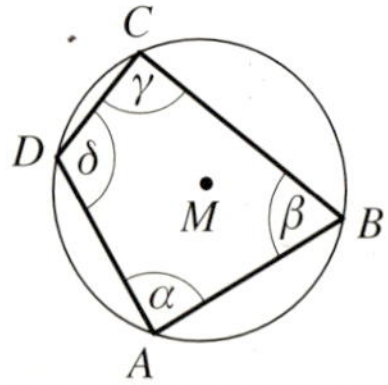

1. $\alpha + \gamma = 180^\circ$
2. $\beta + \delta = 180^\circ$

Trapez

Grundseiten:
[*AB*], [*CD*]
Schenkel:
[*BC*], [*AD*]

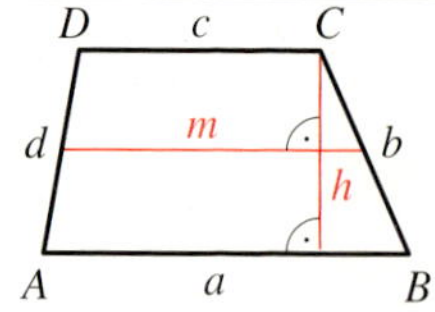

1. $[AB] \parallel [CD]$
2. $A = m \cdot h = \frac{1}{2} \cdot (a + c) \cdot h$

Gleichschenkliges Trapez

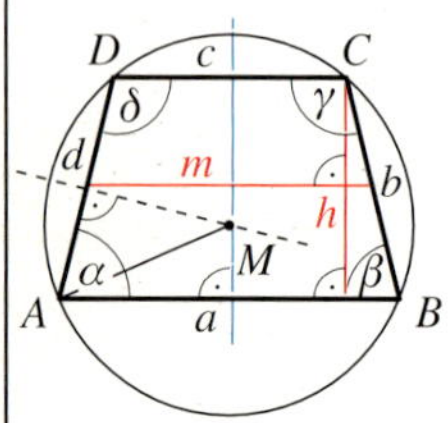

1. $b = d$
2. $\alpha = \beta \wedge \gamma = \delta$
3. $\alpha + \delta = 180^\circ$
   $\beta + \gamma = 180^\circ$
4. $m_{[AB]} \cap m_{[AD]} = \{M\}$
5. $A = m \cdot h = \frac{1}{2} \cdot (a + c) \cdot h$

Parallelogramm

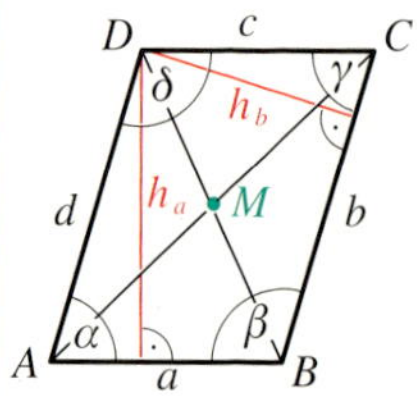

Rechteck

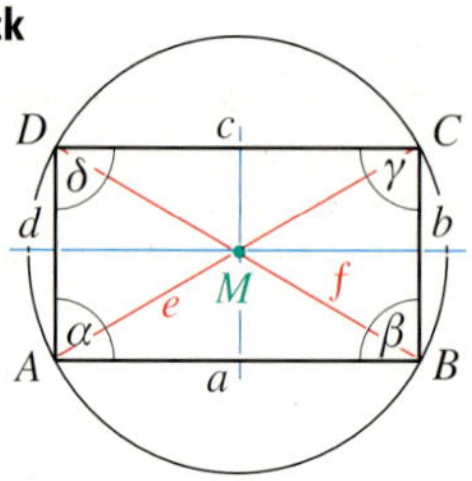

1. $\alpha = \beta = \gamma = \delta = 90^\circ$
2. Die Diagonalen halbieren sich und sind gleich lang.
3. $e = \sqrt{a^2 + b^2}$
   $A = a \cdot b$
   $u = 2 \cdot (a + b)$

Quadrat

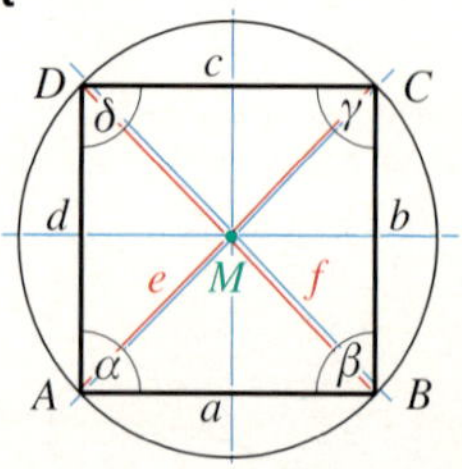

Achsensymmetrie (blaue Linie)
● Punktsymmetrie

Viereck mit zwei maßgleichen Gegenwinkeln

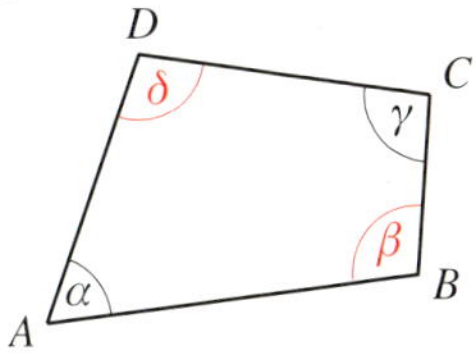

$\beta = \delta$

Tangentenviereck

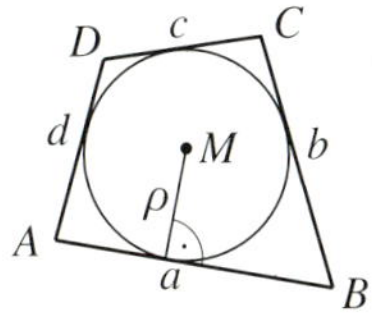

$a + c = b + d$

$[AB] \parallel [CD] \wedge [BC] \parallel [AD]$

$a = c \wedge b = d$

$\alpha = \gamma \wedge \beta = \delta$

Die Diagonalen halbieren sich.

$A = a \cdot h_a = b \cdot h_b$
$= a \cdot b \cdot \sin\alpha$
$u = 2 \cdot (a + b)$

Drachenviereck

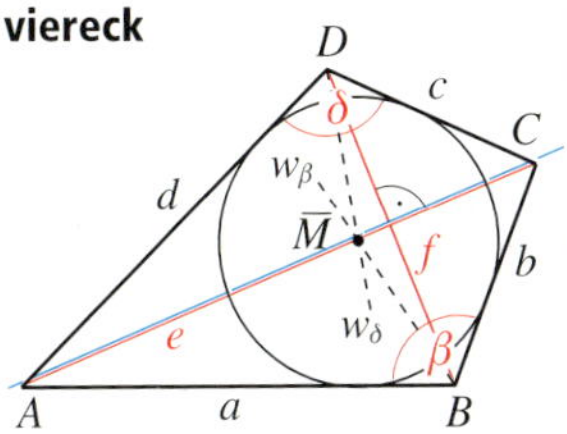

1. $a = d \wedge b = c$
2. $\beta = \delta$
3. Die Diagonalen stehen aufeinander senkrecht.
4. $w_\beta \cap w_\delta = \{\overline{M}\}$
5. $A = \frac{1}{2} \cdot e \cdot f$
   $u = 2 \cdot (a + b)$

Raute

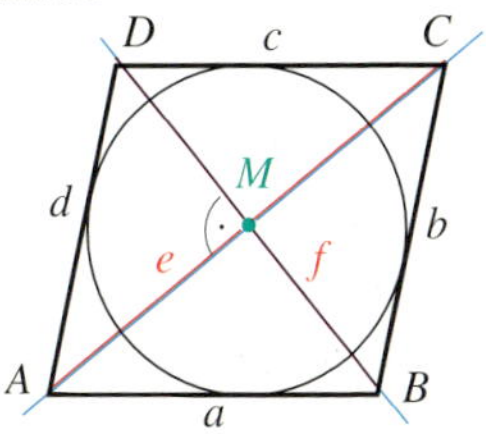

1. $a = b = c = d$
2. Die Diagonalen halbieren sich und stehen aufeinander senkrecht.
3. Die Diagonalen halbieren die Winkel.
4. $A = \frac{1}{2} \cdot e \cdot f \qquad u = 4 \cdot a$

$\ldots = b = c = d$

$\ldots = \beta = \gamma = \delta = 90^\circ$

…ie Diagonalen halbieren sich und …tehen aufeinander senkrecht.

…ie Diagonalen sind gleich lang …nd halbieren die Winkel.

$e = a\sqrt{2}$

$A = a^2 \quad u = 4 \cdot a$

Vektoren

Vektorbegriff

Die Menge aller durch eine Parallelverschiebung festgelegten, parallelen, gleich langen und gleich orientierten Pfeile $\overrightarrow{P_n P_n'}$ heißt Vektor $\vec{v}$.

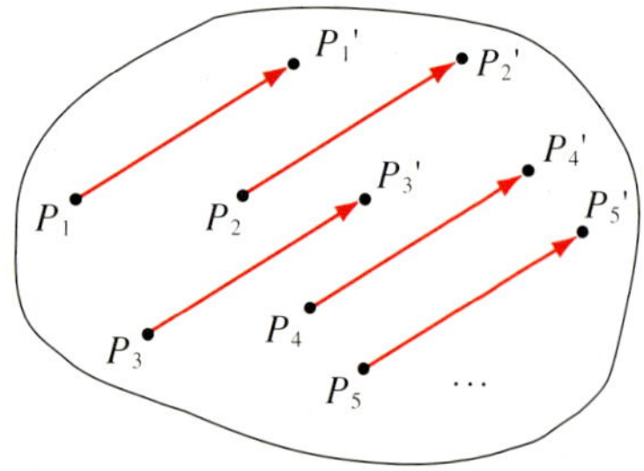

$$\vec{v} = \{\overrightarrow{P_1P_1'}; \overrightarrow{P_2P_2'}; \overrightarrow{P_3P_3'}; \ldots\}$$

Der Pfeil $\overrightarrow{P_1P_1'} \in \vec{v}$ ist ein *Repräsentant* (Vertreter) des Vektors $\vec{v}$.

Darstellung von Vektoren im Koordinatensystem

Alle Repräsentanten eines Vektors $\vec{v}$ sind durch die Zahlen v_x und v_y gekennzeichnet.

v_x heißt x-Koordinate,
v_y heißt y-Koordinate von $\vec{v}$.

Koordinaten- oder Spaltendarstellung des Vektors $\vec{v}$:

$$\vec{v} = \begin{pmatrix} v_x \\ v_y \end{pmatrix}$$

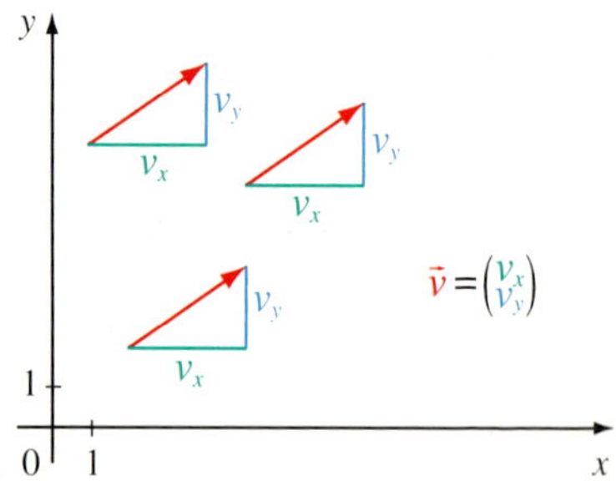

Berechnung der Vektorkoordinaten

Aus den Punktkoordinaten des Fußpunktes F und der Spitze S eines Repräsentanten lassen sich die Koordinaten des Vektors $\vec{v}$ bestimmen:

$$\vec{v} = \begin{pmatrix} x_S - x_F \\ y_S - y_F \end{pmatrix}$$

Merkregel (SPITZE minus FUSS)

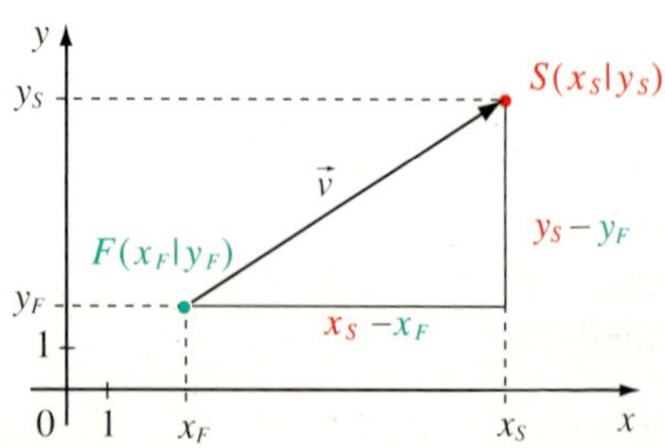

Ortspfeil

Jeder Vektor besitzt einen Repräsentanten, bei dem der Ursprung Fußpunkt ist. Dieser Pfeil ist der zum jeweiligen Vektor gehörige Ortspfeil:

$$\overrightarrow{OP} = \begin{pmatrix} x_p \\ y_p \end{pmatrix}$$

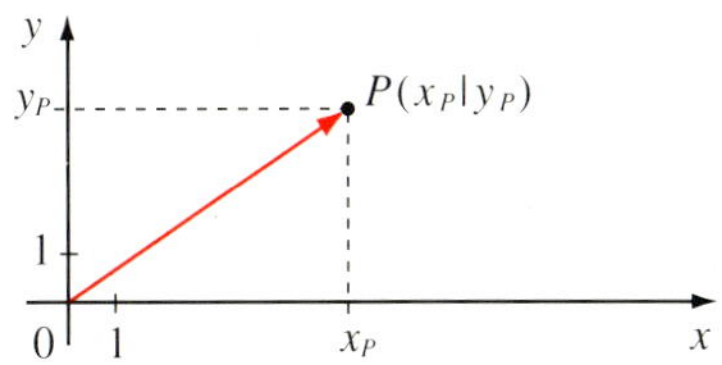

Gleichheit von Vektoren

Zwei Vektoren $\vec{a}$ und $\vec{b}$ sind genau dann gleich, wenn sie die gleichen Koordinaten haben.

Vektor und Gegenvektor

Der Vektor $\vec{v}^*$, der zu einem gegebenen Vektor $\vec{v}$ parallel ist und die gleiche Länge, jedoch entgegengesetzte Orientierung hat, heißt Gegenvektor zu $\vec{v}$.

Es gilt: $\vec{v}^* = \begin{pmatrix} -v_x \\ -v_y \end{pmatrix}$

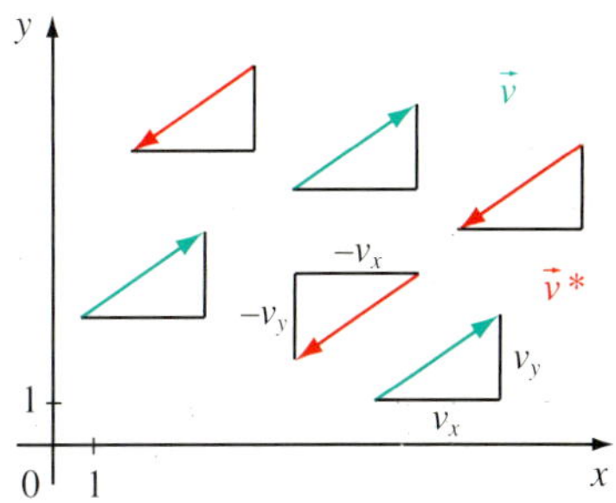

Vektoraddition

$$\vec{a} \oplus \vec{b} = \vec{c}$$

$$\begin{pmatrix} a_x \\ a_y \end{pmatrix} \oplus \begin{pmatrix} b_x \\ b_y \end{pmatrix} = \begin{pmatrix} a_x + b_x \\ a_y + b_y \end{pmatrix}$$

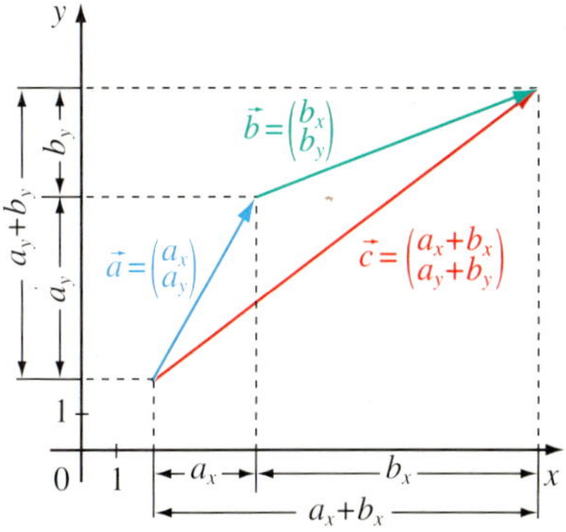

Kommutativgesetz

$\vec{a} \oplus \vec{b} = \vec{b} \oplus \vec{a}$

Assoziativgesetz

$\vec{a} \oplus (\vec{b} \oplus \vec{c}) = (\vec{a} \oplus \vec{b}) \oplus \vec{c}$

Nullvektor

Ein Vektor der Länge 0 heißt Nullvektor: $\vec{o} = \begin{pmatrix} 0 \\ 0 \end{pmatrix}$

Allgemein gilt: $\vec{v} \oplus \vec{v}^* = \vec{o}$

S-Multiplikation[1]

$$\boxed{\vec{a}' = k \cdot \vec{a}} \quad (k \neq 0)$$

$\vec{a}'$ ist parallel zu $\vec{a}$ und hat die $|k|$-fache Länge von $\vec{a}$.

Für die Orientierung von $\vec{a}'$ gilt:
- $k > 0$: gleiche Orientierung wie $\vec{a}$
- $k < 0$: entgegengesetzte Orientierung wie $\vec{a}$

$$k \cdot \begin{pmatrix} a_x \\ a_y \end{pmatrix} = \begin{pmatrix} k \cdot a_x \\ k \cdot a_y \end{pmatrix}$$

Gegenvektor: $\vec{v}^* = (-1) \cdot \vec{v}$

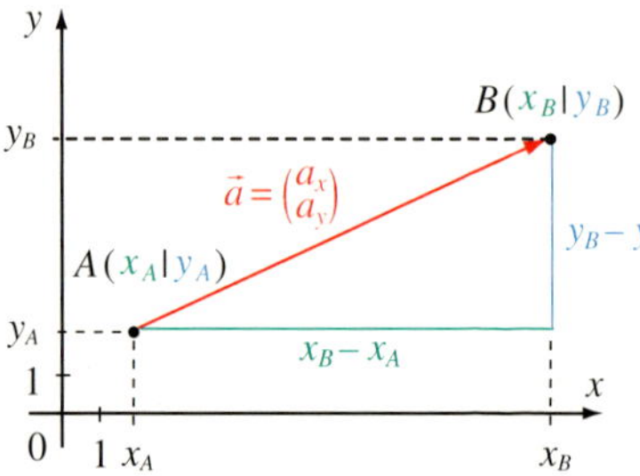

Betrag eines Vektors – Länge einer Strecke

$$|\vec{a}| = a = \sqrt{a_x^2 + a_y^2}$$

$$\overline{AB} = \sqrt{(x_B - x_A)^2 + (y_B - y_A)^2} \ LE$$

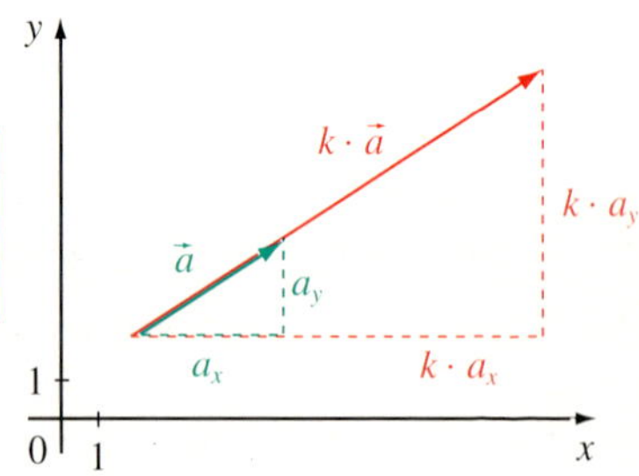

Einheitsvektor

Jeder Vektor mit dem Betrag 1 heißt Einheitsvektor. Für den Einheitsvektor $\vec{a}^\circ$ in Richtung von $\vec{a}$ gilt:

1 $\vec{a}^\circ = \frac{1}{|\vec{a}|} \cdot \vec{a}$

2 $\vec{a} = |\vec{a}| \cdot \vec{a}^\circ$

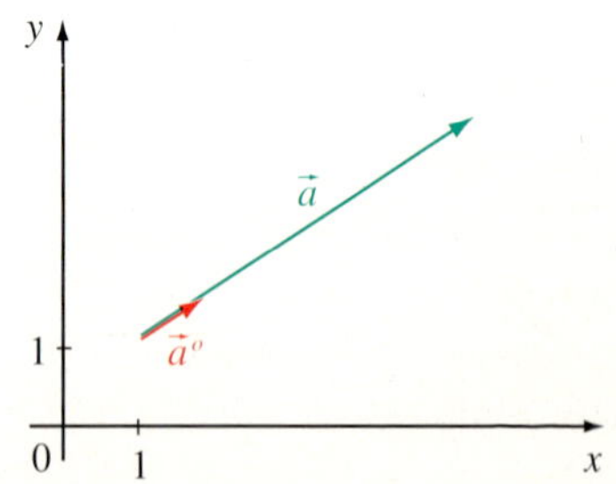

[1] Multiplikation eines Vektors mit einem Skalar (Zahl)

Mittelpunkt einer Strecke

$$\begin{pmatrix} x_M \\ y_M \end{pmatrix} = \frac{1}{2}\left[\begin{pmatrix} x_A \\ y_A \end{pmatrix} \oplus \begin{pmatrix} x_B \\ y_B \end{pmatrix}\right]$$

$$M\left(\frac{x_A + x_B}{2} \,\middle|\, \frac{y_A + y_B}{2}\right)$$

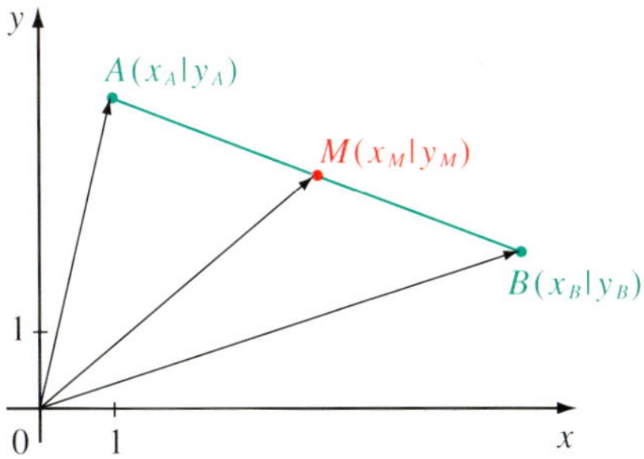

Skalarprodukt ($0^\circ \leqq \varphi \leqq 180^\circ$)

$$\vec{a} \odot \vec{b} = |\vec{a}| \cdot |\vec{b}| \cdot \cos\varphi$$

$$\begin{pmatrix} a_x \\ a_y \end{pmatrix} \odot \begin{pmatrix} b_x \\ b_y \end{pmatrix} = a_x \cdot b_x + a_y \cdot b_y$$

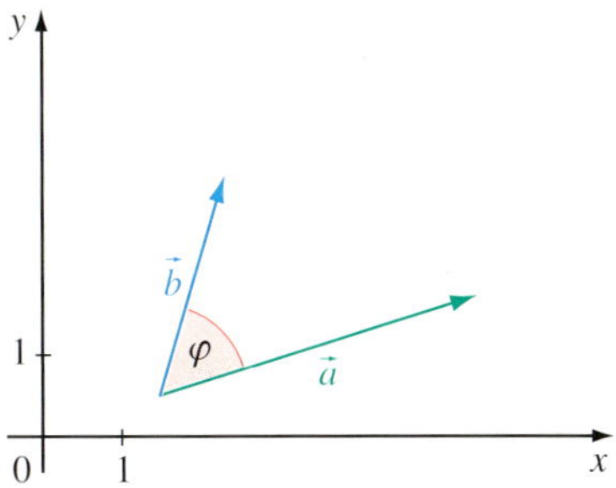

Gesetze

Kommutativgesetz: $\vec{a} \odot \vec{b} = \vec{b} \odot \vec{a}$

Distributivgesetz: $\vec{a} \odot (\vec{b} \oplus \vec{c}) = \vec{a} \odot \vec{b} + \vec{a} \odot \vec{c}$

Assoziativgesetz: $k \cdot (\vec{a} \odot \vec{b}) = (k \cdot \vec{a}) \odot \vec{b}$

Winkel zwischen Vektoren

Mit Hilfe des Skalarprodukts läßt sich der Winkel φ zwischen zwei Vektoren $\vec{a}$ und $\vec{b}$ berechnen:

$$\cos\varphi = \frac{\vec{a} \odot \vec{b}}{|\vec{a}| \cdot |\vec{b}|}$$

$$\cos\varphi = \frac{a_x \cdot b_x + a_y \cdot b_y}{\sqrt{a_x^2 + a_y^2} \cdot \sqrt{b_x^2 + b_y^2}}$$

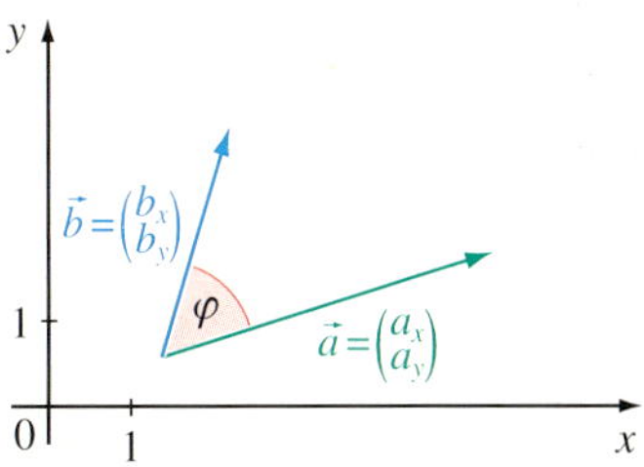

Orthogonalität von Vektoren

Für $\vec{a} \neq \vec{o}$ und $\vec{b} \neq \vec{o}$ gilt:

$$\vec{a} \odot \vec{b} = 0 \quad \Leftrightarrow \quad \vec{a} \perp \vec{b}$$

Zu einem gegebenen Pfeil $\overrightarrow{OP} = \begin{pmatrix} x_P \\ y_P \end{pmatrix}$ läßt sich durch Drehung dieses Pfeils um das Drehzentrum 0 mit Drehwinkel $\varphi = +90°$ bzw. $\varphi = +270°$ je ein orthogonaler Pfeil gleicher Länge bestimmen:

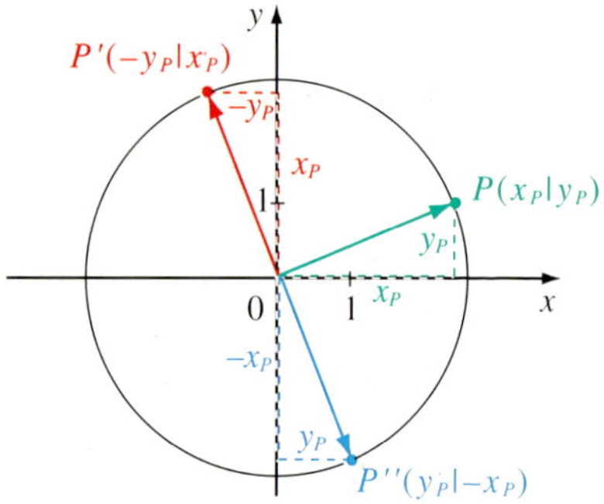

1 $\varphi = +90°$: $\begin{pmatrix} -y_P \\ x_P \end{pmatrix} \perp \begin{pmatrix} x_P \\ y_P \end{pmatrix}$

2 $\varphi = +270°$: $\begin{pmatrix} y_P \\ -x_P \end{pmatrix} \perp \begin{pmatrix} x_P \\ y_P \end{pmatrix}$

Flächenberechnung eines Parallelogramms bzw. eines Dreiecks

Parallelogramm

$$A = \begin{vmatrix} a_x & b_x \\ a_y & b_y \end{vmatrix} FE = \left(a_x \cdot b_y - a_y \cdot b_x \right) FE$$

↑ 1. Vektor ↑ 2. Vektor

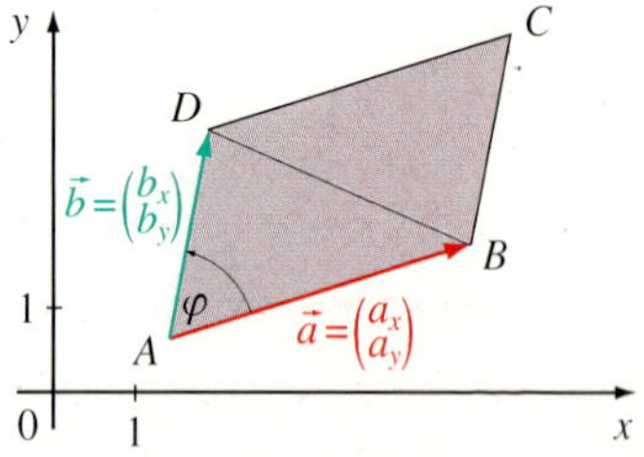

Dreieck

$$A_{\Delta ABD} = \frac{1}{2} \cdot \begin{vmatrix} a_x & b_x \\ a_y & b_y \end{vmatrix} FE$$

Als erster Vektor ist derjenige Vektor zu wählen, der, im Gegenuhrzeigersinn gedreht, den Zwischenwinkel φ $(0° \leqq \varphi \leqq 180°)$ überstreicht.

Grundbegriffe

Abbildung

Durch eine Vorschrift, die jedem Element x (Urelement) einer Menge M *genau ein* Element x' (Bildelement) einer Menge M' zuordnet, wird eine Abbildung festgelegt.

Abbildungen in der Zeichenebene

Jedem Punkt P (Urpunkt) der Zeichenebene wird *umkehrbar eindeutig genau ein* Punkt P' (Bildpunkt) der Zeichenebene zugeordnet.

Kongruenzabbildungen

Achsenspiegelung, Punktspiegelung, Parallelverschiebung, Drehung und deren Verknüpfungen sind Kongruenzabbildungen. Ur- und Bildfigur sind *deckungsgleich* (kongruent).

Gemeinsame Eigenschaften aller Kongruenzabbildungen

1. **Längentreue:** Ur- und Bildstrecke sind gleich lang.
2. **Winkeltreue:** Ur- und Bildwinkel sind maßgleich.
3. **Flächentreue:** Ur- und Bildfläche sind inhaltsgleich.
4. **Verhältnistreue:** Strecken- und Flächenverhältnisse bleiben erhalten.
5. **Kreistreue:** Jeder Kreis wird wieder auf einen Kreis abgebildet.
6. **Geradentreue:** Jede Gerade wird wieder auf eine Gerade abgebildet.
7. **Parallelentreue:** Parallele Geraden werden auf parallele Geraden abgebildet.

Ähnlichkeitsabbildungen

Eine Abbildung, die sich aus Kongruenzabbildungen und zentrischen Streckungen zusammensetzt, heißt Ähnlichkeitsabbildung. Ur- und Bildfigur sind *formgleich* (ähnlich).

Gemeinsame Eigenschaften aller Ähnlichkeitsabbildungen

Winkel-, Verhältnis-, Kreis-, Geraden-, Parallelentreue

Multiplikation einer Matrix mit einem Vektor

$$\underbrace{\begin{pmatrix} a & c \\ b & d \end{pmatrix}}_{\text{Matrix}} \odot \underbrace{\begin{pmatrix} x \\ y \end{pmatrix}}_{\text{Vektor}} = \underbrace{\begin{pmatrix} a \cdot x + c \cdot y \\ b \cdot x + d \cdot y \end{pmatrix}}_{\text{Vektor}}$$

Achsenspiegelung

Kurzschreibweise

$P \xmapsto{a} P'$ $\quad a$: Spiegelachse

Abbildungsvorschrift

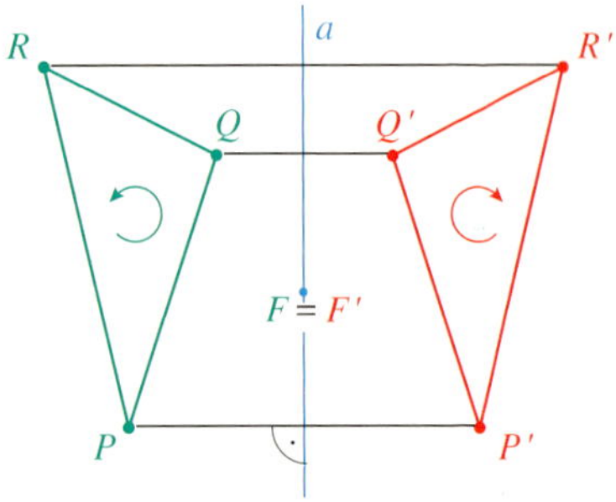

1. Die Verbindungsstrecke von Urpunkt $P \notin a$ und Bildpunkt P' steht auf der Spiegelachse a senkrecht und wird von ihr halbiert.
2. Für $P \in a$ gilt: $P' = P$

Eigenschaften

1	Fixpunkte:	Jeder Punkt auf der Spiegelachse wird auf sich abgebildet.
2	Fixpunktgerade:	Die Spiegelachse ist Fixpunktgerade.
3	Fixgeraden:	Jede Gerade, die senkrecht zur Spiegelachse verläuft, wird auf sich abgebildet.
4	Kongruenz:	Ur- und Bildfigur sind gegensinnig kongruent.

Achsensymmetrie

Eine Figur heißt achsensymmetrisch bezüglich der Symmetrieachse a, wenn sie durch Achsenspiegelung an a auf sich abgebildet wird.

Abbildungsgleichungen (Ursprungsgerade als Spiegelachse)

Spiegelachse: $\quad y = m \cdot x \quad$ mit $m = \tan\varphi \quad (0^\circ \leqq \varphi < 180^\circ)$

Koordinatenform

$$x' = x \cdot \cos 2\varphi + y \cdot \sin 2\varphi$$
$$y' = x \cdot \sin 2\varphi - y \cdot \cos 2\varphi$$

Matrixform

$$\begin{pmatrix} x' \\ y' \end{pmatrix} = \begin{pmatrix} \cos 2\varphi & \sin 2\varphi \\ \sin 2\varphi & -\cos 2\varphi \end{pmatrix} \odot \begin{pmatrix} x \\ y \end{pmatrix}$$

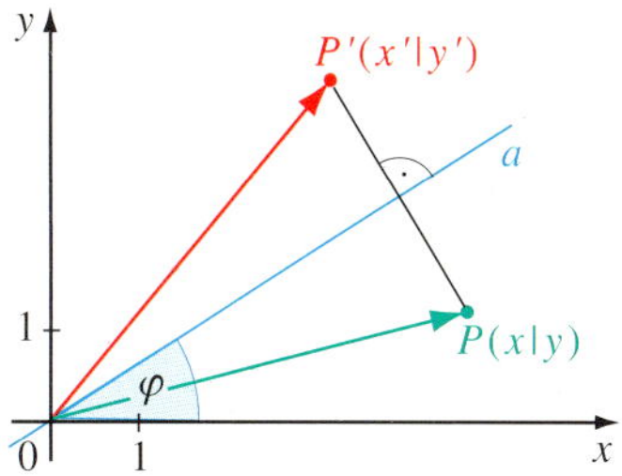

Abbildungsgleichung in Abhängigkeit von *m*

$$\begin{pmatrix} x' \\ y' \end{pmatrix} = \begin{pmatrix} \dfrac{1-m^2}{1+m^2} & \dfrac{2m}{1+m^2} \\ \dfrac{2m}{1+m^2} & -\dfrac{1-m^2}{1+m^2} \end{pmatrix} \odot \begin{pmatrix} x \\ y \end{pmatrix}$$

Spezialfälle

Spiegelachse	φ	Koordinatenform	Matrixform	
x-Achse	0°	$x' = x$ $y' = -y$	$\begin{pmatrix} x' \\ y' \end{pmatrix} = \begin{pmatrix} 1 & 0 \\ 0 & -1 \end{pmatrix} \odot \begin{pmatrix} x \\ y \end{pmatrix}$	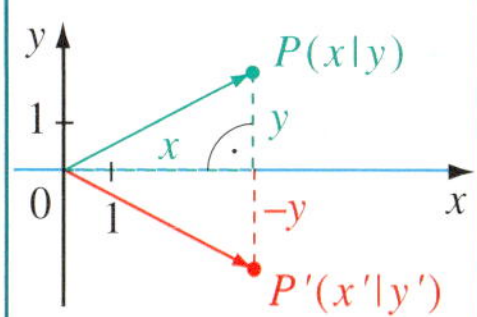
y-Achse	90°	$x' = -x$ $y' = y$	$\begin{pmatrix} x' \\ y' \end{pmatrix} = \begin{pmatrix} -1 & 0 \\ 0 & 1 \end{pmatrix} \odot \begin{pmatrix} x \\ y \end{pmatrix}$	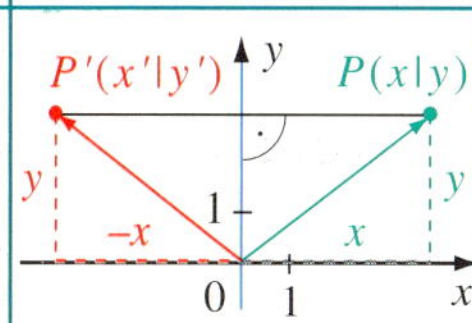
Winkelhalbierende $w_{I/III}$	45°	$x' = y$ $y' = x$	$\begin{pmatrix} x' \\ y' \end{pmatrix} = \begin{pmatrix} 0 & 1 \\ 1 & 0 \end{pmatrix} \odot \begin{pmatrix} x \\ y \end{pmatrix}$	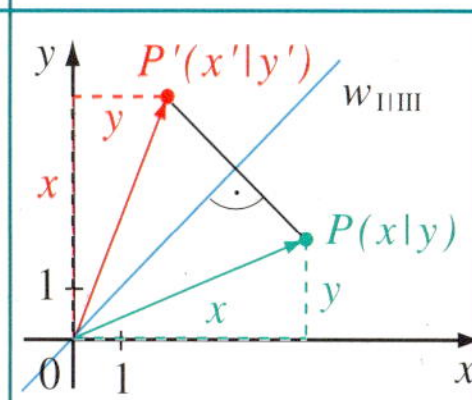
Winkelhalbierende $w_{II/IV}$	135°	$x' = -y$ $y' = -x$	$\begin{pmatrix} x' \\ y' \end{pmatrix} = \begin{pmatrix} 0 & -1 \\ -1 & 0 \end{pmatrix} \odot \begin{pmatrix} x \\ y \end{pmatrix}$	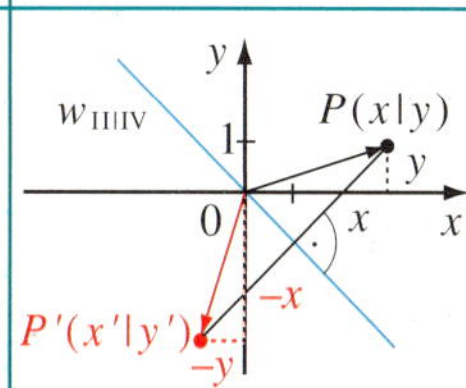

Punktspiegelung

Kurzschreibweise

$P \overset{Z}{\longmapsto} P'$

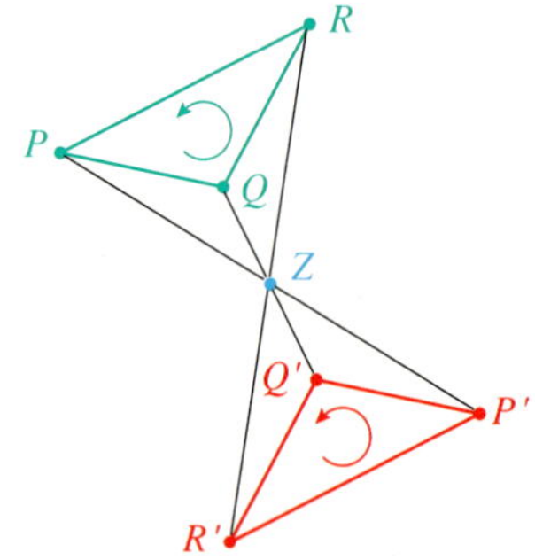

Z: Zentrum der Punktspiegelung

Abbildungsvorschrift

1. Die Verbindungsstrecke von Urpunkt $P \neq Z$ und Bildpunkt P' wird durch das Zentrum Z halbiert.
2. Für $P = Z$ gilt: $P' = P$

Eigenschaften

1. Fixpunkte: Z wird als einziger Punkt auf sich abgebildet.
2. Fixgeraden: Jede Gerade, die durch Z verläuft, wird auf sich abgebildet.
3. Kongruenz: Ur- und Bildfigur sind gleichsinnig kongruent.

Punktsymmetrie

Eine Figur heißt punktsymmetrisch bezüglich des Symmetriezentrums Z, wenn sie durch Punktspiegelung an Z auf sich abgebildet wird.

Abbildungsgleichungen

Vektorform

$$\overrightarrow{ZP'} = -\overrightarrow{ZP}$$

$$\begin{pmatrix} x' - x_Z \\ y' - y_Z \end{pmatrix} = -\begin{pmatrix} x - x_Z \\ y - y_Z \end{pmatrix}$$

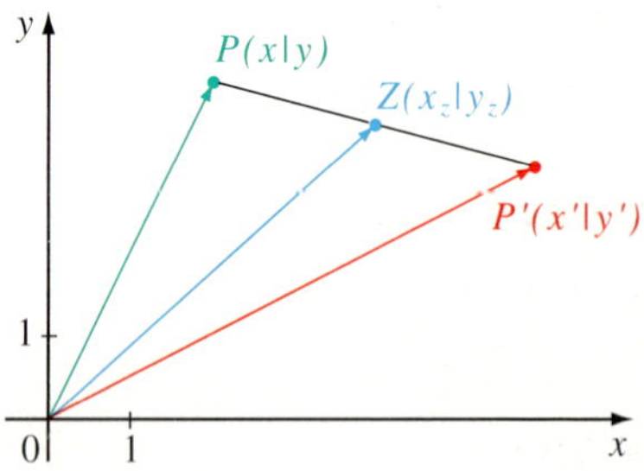

Koordinatenform

$$x' = -x + 2x_Z$$
$$y' = -y + 2y_Z$$

Matrixform

$$\begin{pmatrix} x' \\ y' \end{pmatrix} = \begin{pmatrix} -1 & 0 \\ 0 & -1 \end{pmatrix} \odot \begin{pmatrix} x \\ y \end{pmatrix} \oplus \begin{pmatrix} 2x_Z \\ 2y_Z \end{pmatrix}$$

Parallelverschiebung

Kurzschreibweise

$P \overset{\vec{v}}{\longmapsto} P'$

$\vec{v}$: Verschiebungsvektor

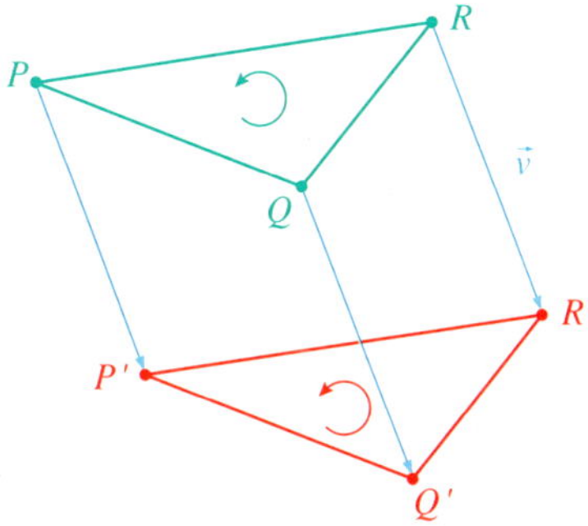

Abbildungsvorschrift

Die Verbindungsstrecken von Urpunkten P und Bildpunkten P' sind *gleich lang*, *parallel* und *gleich orientiert*.

Die Menge der durch Urpunkte und zugehörige Bildpunkte festgelegten Pfeile heißt *Vektor* $\vec{v}$.

Eigenschaften

1. Fixpunkte: Für $\vec{v} \neq \vec{o}$ gibt es keine Fixpunkte.
2. Fixgeraden: Jede Gerade, die parallel zur Verschiebungsrichtung verläuft, wird auf sich gebildet.
3. Kongruenz: Ur- und Bildfigur sind gleichsinnig kongruent.

Abbildungsgleichungen

Vektorform

$\overrightarrow{OP'} = \overrightarrow{OP} \oplus \vec{v}$

$\begin{pmatrix} x' \\ y' \end{pmatrix} = \begin{pmatrix} x \\ y \end{pmatrix} \oplus \begin{pmatrix} v_x \\ v_y \end{pmatrix}$

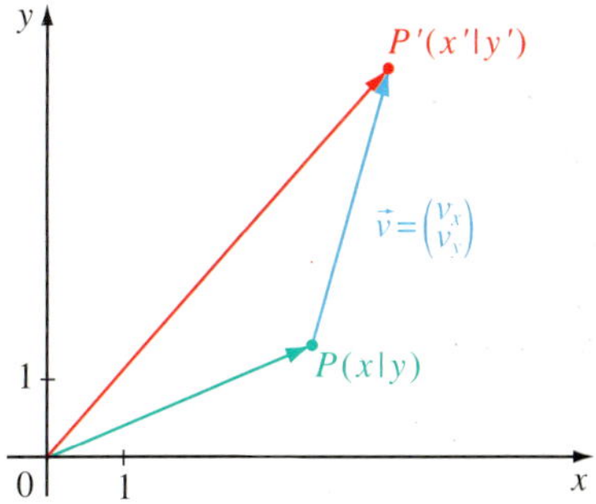

Koordinatenform

$x' = x + v_x$
$y' = y + v_y$

Matrixform

$$\begin{pmatrix} x' \\ y' \end{pmatrix} = \begin{pmatrix} 1 & 0 \\ 0 & 1 \end{pmatrix} \odot \begin{pmatrix} x \\ y \end{pmatrix} \oplus \begin{pmatrix} v_x \\ v_y \end{pmatrix}$$

Drehung

Kurzschreibweise

$P \xmapsto{Z;\,\varphi} P'$ $(-360^\circ < \varphi < 360^\circ)$

Z: Drehzentrum; φ: Drehwinkel

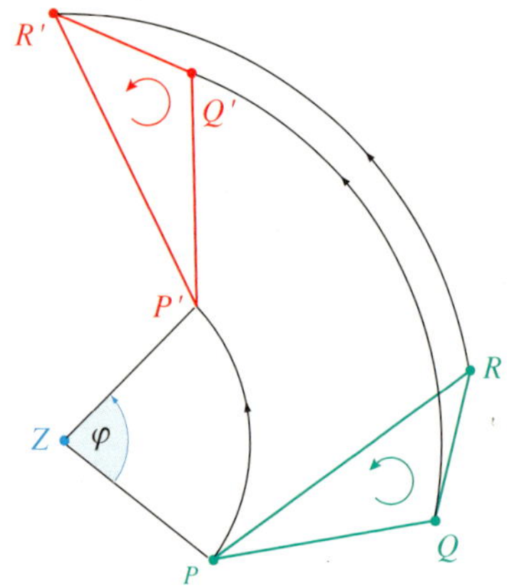

Abbildungsvorschrift

1. Die Verbindungsstrecken von Urpunkt $P \neq Z$ und Drehzentrum Z sowie von Bildpunkt P' und Drehzentrum Z sind jeweils gleich lang und schließen den Drehwinkel φ ein.
2. Für $P = Z$ gilt: $P' = P$

Eigenschaften

1. Fixpunkte: Z wird als einziger Punkt auf sich abgebildet, falls $\varphi \neq 0^\circ$.
2. Fixgeraden: Für $|\varphi| \notin \{0^\circ;\ 180^\circ\}$ gibt es keine Fixgeraden.
3. Kongruenz: Ur- und Bildfigur sind gleichsinnig kongruent.
4. Drehrichtung:

$\varphi > 0^\circ$: Drehung gegen den Uhrzeigersinn
$\varphi < 0^\circ$: Drehung im Uhrzeigersinn

5. Spezialfall: $|\varphi| = 180^\circ$: Punktspiegelung

Abbildungsgleichungen
(Ursprung als Drehzentrum)

Koordinatenform

$x' = x \cdot \cos\varphi - y \cdot \sin\varphi$
$y' = x \cdot \sin\varphi + y \cdot \cos\varphi$

Matrixform

$$\begin{pmatrix} x' \\ y' \end{pmatrix} = \begin{pmatrix} \cos\varphi & -\sin\varphi \\ \sin\varphi & \cos\varphi \end{pmatrix} \odot \begin{pmatrix} x \\ y \end{pmatrix}$$

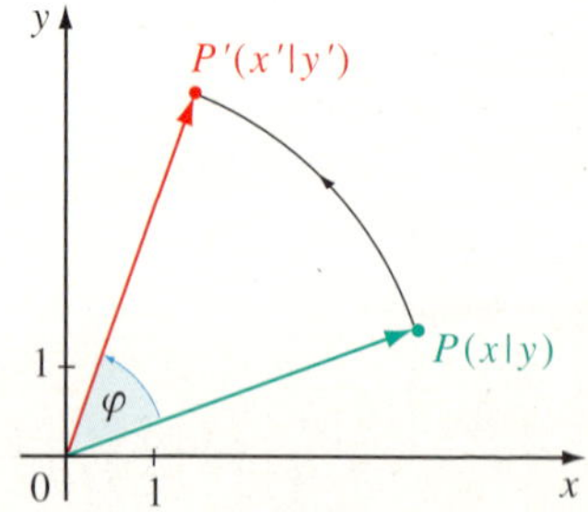

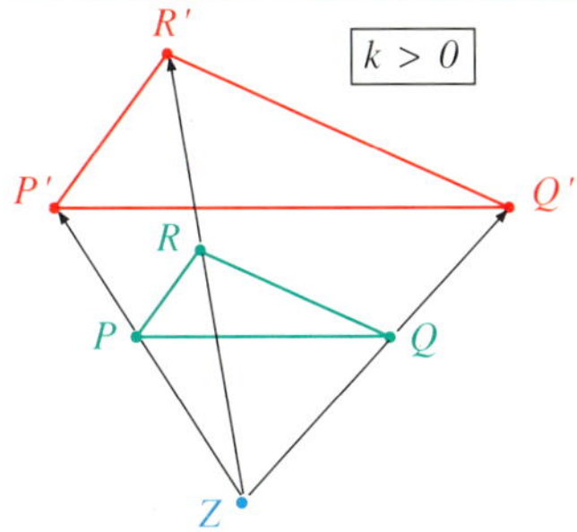

Kurzschreibweise

$P \xmapsto{Z;\, k} P' \qquad (k \neq 0)$

Z: Streckungszentrum;
k: Streckungsfaktor

Abbildungsvorschrift

1. Die Verbindungsgerade von Urpunkt $P \neq Z$ und Bildpunkt P' verläuft durch das Streckungszentrum Z und es gilt:

$$\overrightarrow{ZP'} = k \cdot \overrightarrow{ZP}$$

2. Für $P = Z$ gilt: $P' = P$

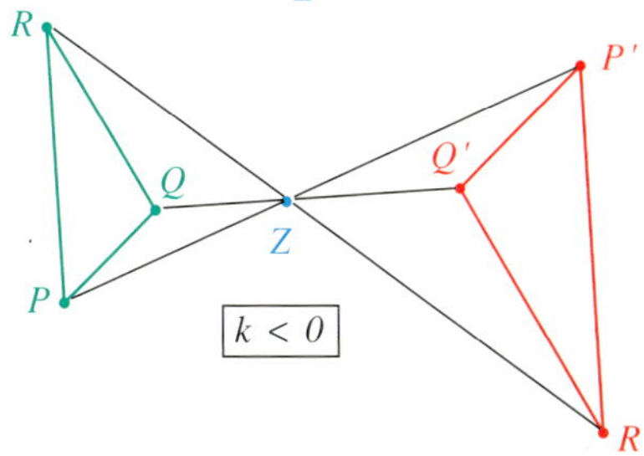

Eigenschaften

1. Fixpunkte ($k \neq 1$): Z wird als einziger Punkt auf sich abgebildet.
2. Fixgeraden: Jede Gerade durch Z wird auf sich abgebildet.
3. Ähnlichkeit: Ur- und Bildfigur sind ähnlich (formgleich).
4. Flächeninhalte: $A' = k^2 \cdot A$
5. Spezialfall: $k = -1$: Punktspiegelung

Abbildungsgleichungen

Vektorform

$$\overrightarrow{ZP'} = k \cdot \overrightarrow{ZP}$$

$$\begin{pmatrix} x' - x_Z \\ y' - y_Z \end{pmatrix} = k \cdot \begin{pmatrix} x - x_Z \\ y - y_Z \end{pmatrix}$$

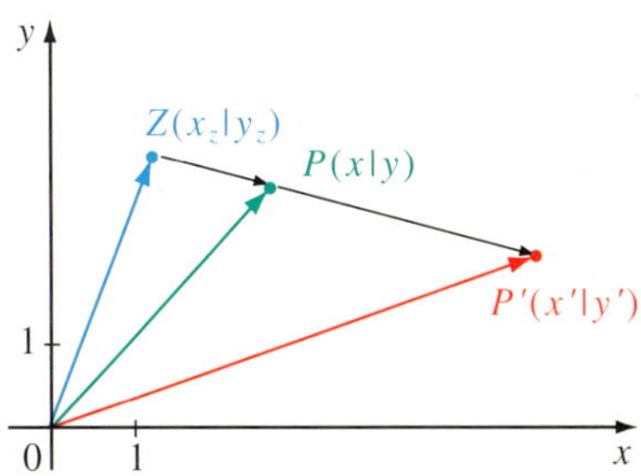

Koordinatenform

$x' = k \cdot x + (1 - k) \cdot x_Z$
$y' = k \cdot y + (1 - k) \cdot y_Z$

Matrixform

$$\begin{pmatrix} x' \\ y' \end{pmatrix} = \begin{pmatrix} k & 0 \\ 0 & k \end{pmatrix} \odot \begin{pmatrix} x \\ y \end{pmatrix} \oplus \begin{pmatrix} (1-k) \cdot x_Z \\ (1-k) \cdot y_Z \end{pmatrix}$$

Scherung

Kurzschreibweise

$P \xmapsto{s;\,\varphi} P' \quad (-90^\circ < \varphi < +90^\circ)$

s: Scherungsachse;
φ: Scherungswinkel

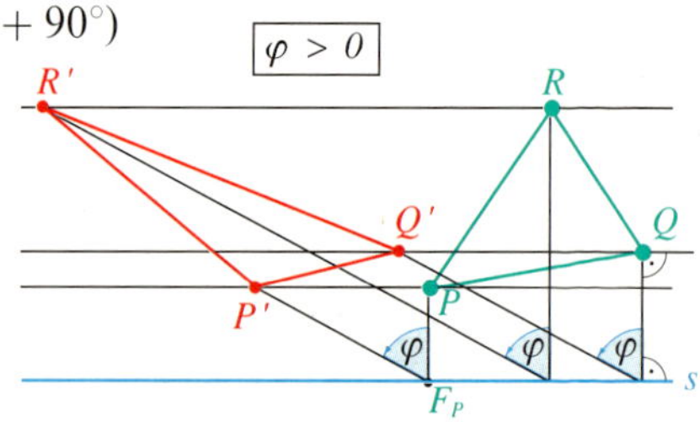

Abbildungsvorschrift

1. Die Verbindungsgerade von Urpunkt $P \notin s$ und Bildpunkt P' ist parallel zur Scherungsachse s.
   Die Lotstrecke $[F_pP]$ vom Urpunkt P auf die Scherungsachse s schließt mit der Strecke $[F_pP']$ den Scherungswinkel φ ein.
2. Ist $P \in s$, so gilt: $P' = P$

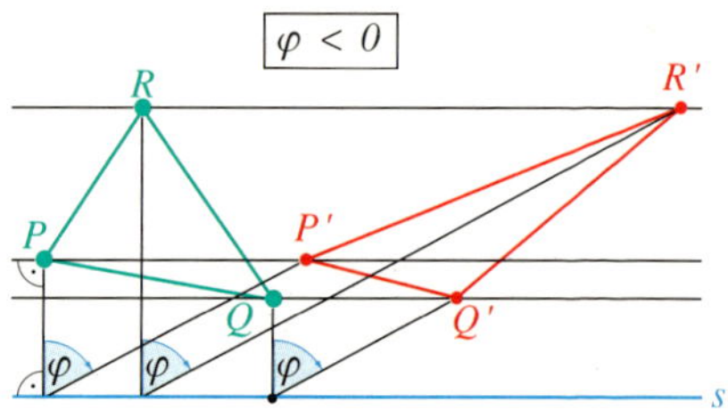

Eigenschaften

1. Fixpunkte: Jeder Punkt der Scherungsachse wird auf sich abgebildet.
2. Fixpunktgeraden: Die Scherungsachse ist Fixpunktgerade.
3. Fixgeraden: Jede Gerade, die parallel zur Scherungsachse verläuft, wird auf sich abgebildet.
4. Ur- und Bildfigur haben gleichen Flächeninhalt, sind jedoch nicht kongruent.

Abbildungsgleichungen (x-Achse als Scherungsachse)

Koordinatenform

$x' = x - y \cdot \tan\varphi$
$y' = y$

Matrixform

$$\begin{pmatrix} x' \\ y' \end{pmatrix} = \begin{pmatrix} 1 & -\tan\varphi \\ 0 & 1 \end{pmatrix} \odot \begin{pmatrix} x \\ y \end{pmatrix}$$

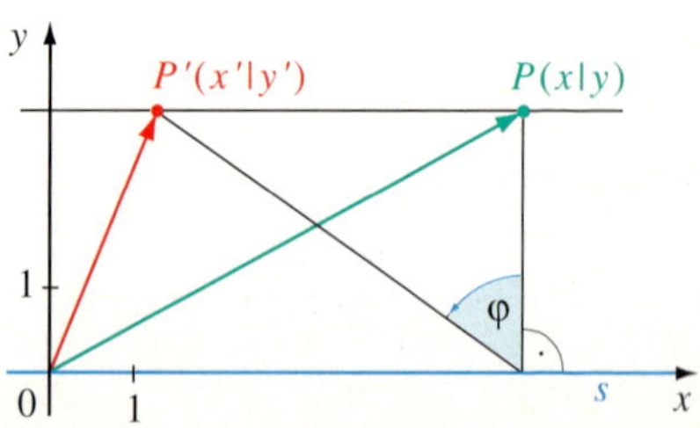

Orthogonale Affinität

Kurzschreibweise

$P \xmapsto{a;\,k} P' \quad (k \neq 0)$

a: Affinitätsachse;
k: Affinitätsmaßstab

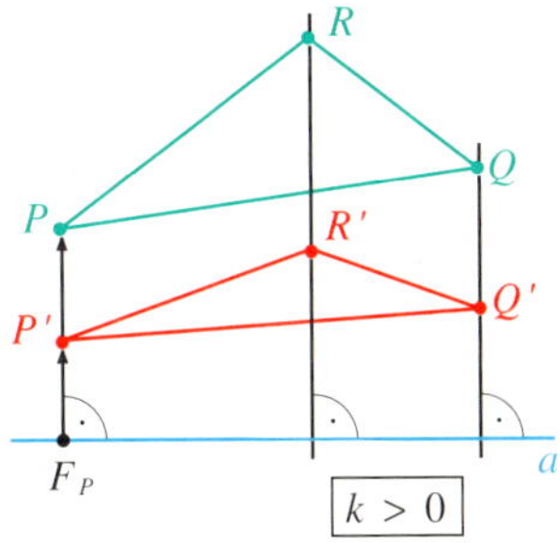

Abbildungsvorschrift

1. Die Verbindungsgerade von Urpunkt $P \notin a$ und Bildpunkt P' steht auf der Affinitätsachse a senkrecht und schneidet sie im Fußpunkt F_P.

   Es gilt: $\overrightarrow{F_P P'} = k \cdot \overrightarrow{F_P P}$

2. Ist $P \in a$, so gilt: $P' = P$

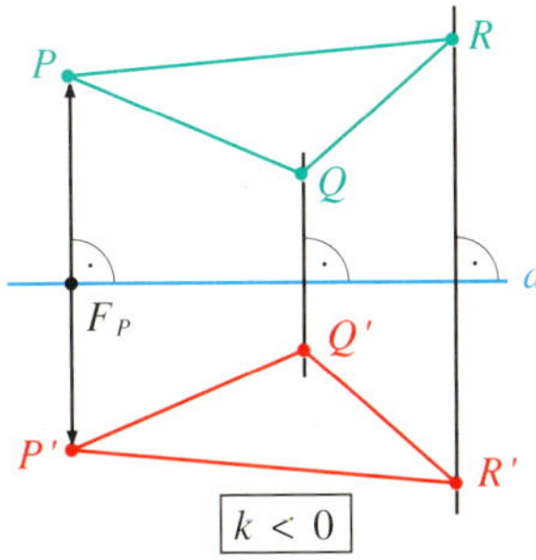

Eigenschaften

1. Fixpunkte: Jeder Punkt der Affinitätsachse wird auf sich abgebildet.
2. Fixpunktgeraden: Die Affinitätsachse ist Fixpunktgerade.
3. Fixgeraden: Jede Gerade, die senkrecht zur Affinitätsachse verläuft, wird auf sich abgebildet.
4. Spezialfall: $k = -1$: Achsenspiegelung

Abbildungsgleichungen (x-Achse als Affinitätsachse)

Koordinatenform

$x' = x$
$y' = k \cdot y$

Matrixform

$$\begin{pmatrix} x' \\ y' \end{pmatrix} = \begin{pmatrix} 1 & 0 \\ 0 & k \end{pmatrix} \odot \begin{pmatrix} x \\ y \end{pmatrix}$$

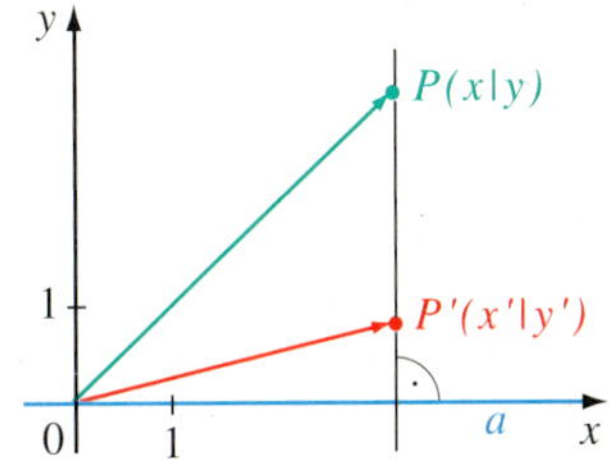

Bogenmaß eines Winkels

Definition

Unter dem Bogenmaß x eines Winkels mit dem Gradmaß φ versteht man das Verhältnis der zum Winkel gehörenden Kreisbogenlänge b zum Kreisradius r.

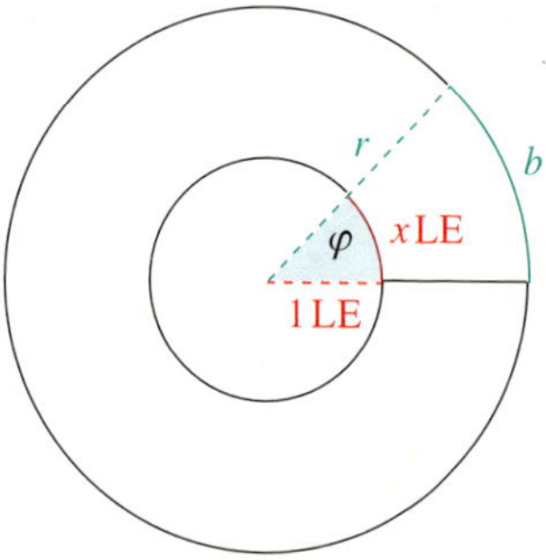

$$x = \frac{b}{r} = \frac{2\pi}{360^\circ} \cdot \varphi$$

φ	0°	30°	45°	60°	90°	180°	270°	360°	Gradmaß
x	0	$\frac{\pi}{6}$	$\frac{\pi}{4}$	$\frac{\pi}{3}$	$\frac{\pi}{2}$	π	$\frac{3}{2}\pi$	2π	Bogenmaß
	0	0,52	0,79	1,05	1,57	3,14	4,71	6,28	Näherung

Kartesische Koordinaten und Polarkoordinaten

Ein Punkt P der Zeichenebene läßt sich beschreiben mit

1. **Kartesischen Koordinaten**

   $P(x|y)$ sowie mit

2. **Polarkoordinaten**

   $P(r|\varphi)$ mit $r \geqq 0$ und $0^\circ \leqq \varphi < 360^\circ$

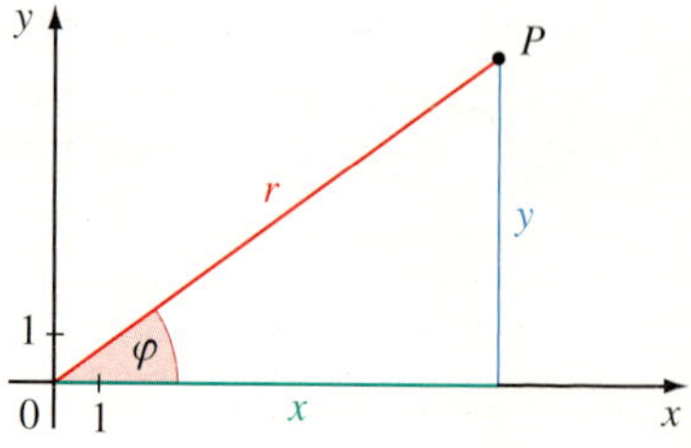

Zusammenhang zwischen kartesischen Koordinaten und Polarkoordinaten

$$x = r \cdot \cos\varphi \qquad r = \sqrt{x^2 + y^2}$$

$$y = r \cdot \sin\varphi \qquad \tan\varphi = \frac{y}{x} \qquad (x \neq 0)$$

Ist $x = 0$, so gilt für φ:

1. $\varphi = 90^\circ$, wenn $y > 0$
2. $\varphi = 270^\circ$, wenn $y < 0$

Definition von Sinus, Kosinus und Tangens

Sind $(1|\varphi)$ die Polarkoordinaten eines Punktes $P\,(x_o|y_o)$ auf dem Einheitskreis, so gilt:

$\sin\varphi = y_o$

$\cos\varphi = x_o$

$\tan\varphi = \dfrac{\sin\varphi}{\cos\varphi} \qquad (\cos\varphi \neq 0)$

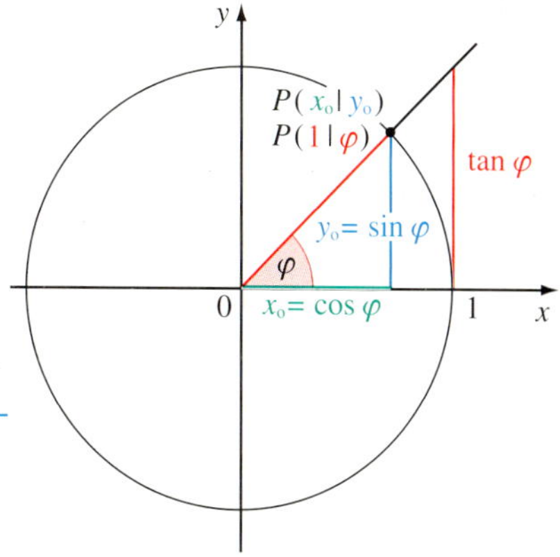

Vorzeichen

Quadrant	I	II	III	IV
$\sin\varphi$	+	+	−	−
$\cos\varphi$	+	−	−	+
$\tan\varphi$	+	−	+	−

Anwendung auf das rechtwinklige Dreieck

$\sin\varphi = \dfrac{y}{r} = \dfrac{\text{Länge der Gegenkathete}}{\text{Länge der Hypotenuse}}$

$\cos\varphi = \dfrac{x}{r} = \dfrac{\text{Länge der Ankathete}}{\text{Länge der Hypotenuse}}$

$\tan\varphi = \dfrac{y}{x} = \dfrac{\text{Länge der Gegenkathete}}{\text{Länge der Ankathete}}$

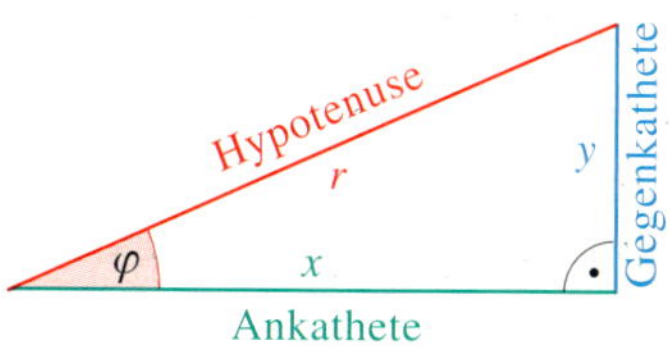

Sinus, Kosinus und Tangens besonderer Winkel

φ	0°	30°	45°	60°	90°	180°	270°	360°
$\sin\varphi$	0	$\frac{1}{2}$	$\frac{1}{2}\sqrt{2}$	$\frac{1}{2}\sqrt{3}$	1	0	−1	0
$\cos\varphi$	1	$\frac{1}{2}\sqrt{3}$	$\frac{1}{2}\sqrt{2}$	$\frac{1}{2}$	0	−1	0	1
$\tan\varphi$	0	$\frac{1}{3}\sqrt{3}$	1	$\sqrt{3}$	nicht def.	0	nicht def.	0

Trigonometrische Formeln

Negative Winkelmaße

$\sin(-\varphi) = -\sin\varphi \qquad \cos(-\varphi) = \cos\varphi \qquad \tan(-\varphi) = -\tan\varphi$

Komplementbeziehungen

$\sin(90^\circ - \varphi) = \cos\varphi \qquad \cos(90^\circ - \varphi) = \sin\varphi \qquad \tan(90^\circ - \varphi) = \dfrac{1}{\tan\varphi}$

Rückführung auf spitze Winkel

Für $0^\circ < \varphi < 90^\circ$ gilt:

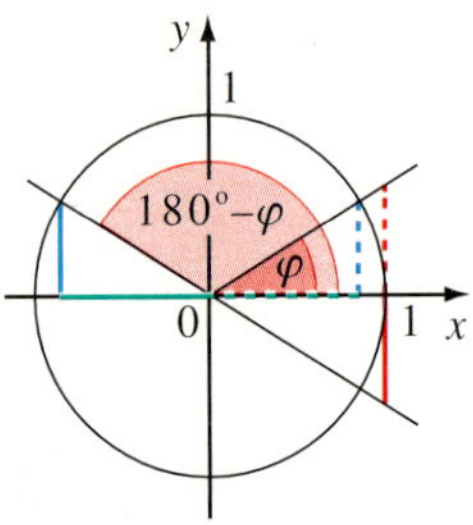

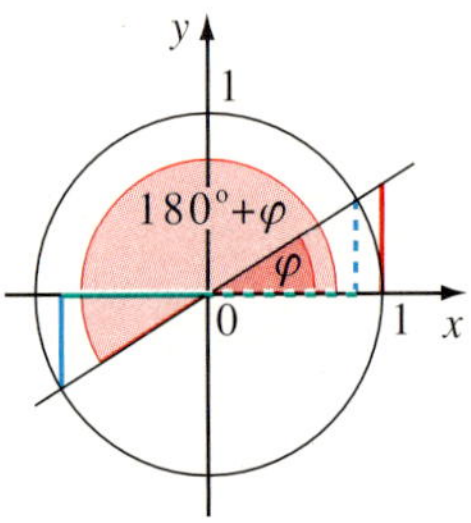

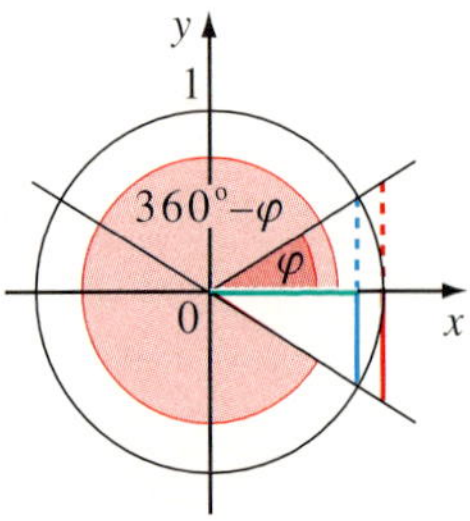

$\sin(180^\circ - \varphi) = +\sin\varphi$
$\cos(180^\circ - \varphi) = -\cos\varphi$
$\tan(180^\circ - \varphi) = -\tan\varphi$

$\sin(180^\circ + \varphi) = -\sin\varphi$
$\cos(180^\circ + \varphi) = -\cos\varphi$
$\tan(180^\circ + \varphi) = +\tan\varphi$

$\sin(360^\circ - \varphi) = -\sin\varphi$
$\cos(360^\circ - \varphi) = +\cos\varphi$
$\tan(360^\circ - \varphi) = -\tan\varphi$

Beziehungen zwischen Sinus, Kosinus und Tangens

$$\sin^2\varphi + \cos^2\varphi = 1$$

Für $0^\circ < \varphi < 90^\circ$ gilt:

$\sin\varphi = \sqrt{1 - \cos^2\varphi} \qquad \cos\varphi = \sqrt{1 - \sin^2\varphi} \qquad \tan\varphi = \dfrac{\sin\varphi}{\sqrt{1 - \sin^2\varphi}}$

$\sin\varphi = \dfrac{\tan\varphi}{\sqrt{1 + \tan^2\varphi}} \qquad \cos\varphi = \dfrac{1}{\sqrt{1 + \tan^2\varphi}} \qquad \tan\varphi = \dfrac{\sqrt{1 - \cos^2\varphi}}{\cos\varphi}$

Additionstheoreme

$$\sin(\alpha + \beta) = \sin\alpha \cdot \cos\beta + \cos\alpha \cdot \sin\beta$$
$$\sin(\alpha - \beta) = \sin\alpha \cdot \cos\beta - \cos\alpha \cdot \sin\beta$$

$$\cos(\alpha + \beta) = \cos\alpha \cdot \cos\beta - \sin\alpha \cdot \sin\beta$$
$$\cos(\alpha - \beta) = \cos\alpha \cdot \cos\beta + \sin\alpha \cdot \sin\beta$$

$$\tan(\alpha + \beta) = \frac{\tan\alpha + \tan\beta}{1 - \tan\alpha \cdot \tan\beta} \qquad (\tan\alpha \cdot \tan\beta \neq 1)$$

$$\tan(\alpha - \beta) = \frac{\tan\alpha - \tan\beta}{1 + \tan\alpha \cdot \tan\beta} \qquad (\tan\alpha \cdot \tan\beta \neq -1)$$

Sinus, Kosinus und Tangens bei doppeltem und halbem Winkelmaß

$$\sin 2\varphi = 2 \cdot \sin\varphi \cdot \cos\varphi$$

$$\cos 2\varphi = \cos^2\varphi - \sin^2\varphi = 2 \cdot \cos^2\varphi - 1 = 1 - 2 \cdot \sin^2\varphi$$

$$\tan 2\varphi = \frac{2 \cdot \tan\varphi}{1 - \tan^2\varphi} \qquad (\tan^2\varphi \neq 1)$$

$$\sin^2 \frac{\varphi}{2} = \frac{1}{2} \cdot (1 - \cos\varphi)$$

$$\cos^2 \frac{\varphi}{2} = \frac{1}{2} \cdot (1 + \cos\varphi)$$

$$\tan^2 \frac{\varphi}{2} = \frac{1 - \cos\varphi}{1 + \cos\varphi} \qquad (\cos\varphi \neq -1)$$

Schrägbild einfacher Körper

1. Schritt
Grundriß

2. Schritt
Schrägbild des Grundrisses

3. Schritt
Zeichnen der Lotstrecken

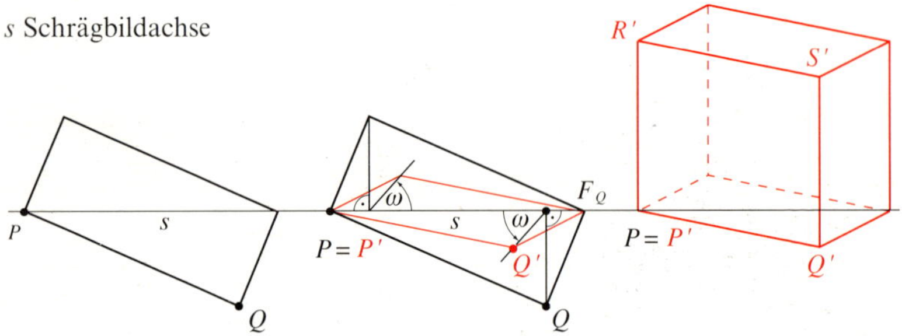

1. Schritt:

Die Schrägbildachse s und der Grundriß des Körpers werden gezeichnet.

2. Schritt:

Das Schrägbild des Grundrisses wird konstruiert:

1. Punkte P der Schrägbildachse s sind Fixpunkte ($P = P'$).
2. Lotstrecken $[F_Q Q]$ zur Schrägbildachse s werden auf verkürzte Bildstrecken $[F_Q Q']$ abgebildet, die mit der Schrägbildachse den Verzerrungswinkel ω (entsprechend der obigen Skizze) einschließen.

   Für die Verkürzung der Bildstrecken gilt:

   $$\overline{F_Q Q'} : \overline{F_Q Q} = q$$

   q heißt Verkürzungsverhältnis, i. a.: $q \in \{\frac{1}{2}; 1\}$; $\omega \in \{30°; 45°\}$.

3. Schritt:

Lotstrecken zur Grundrißebene werden unverkürzt senkrecht zur Schrägbildachse gezeichnet, z. B.: $[PR']$; $[Q'S']$ … .

Satz des Cavalieri

Zwei Körper, die auf derselben Ebene $\mathbb{E}_0$ stehen, sind volumengleich, wenn sie von allen zu $\mathbb{E}_0$ parallelen Ebenen $\mathbb{E}$ in inhaltsgleichen Flächen geschnitten werden.

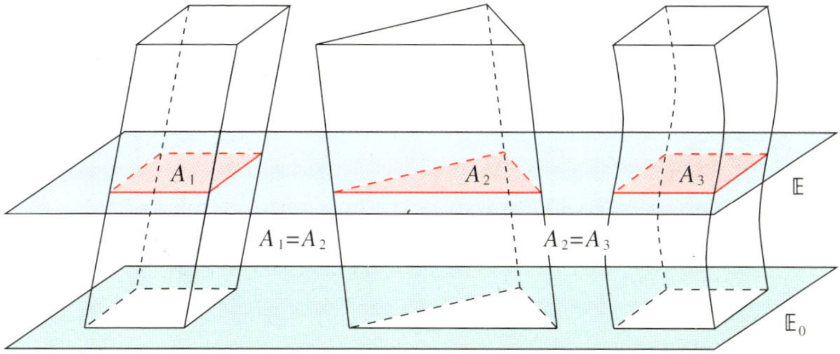

Lagebeziehungen im Raum

Gegenseitige Lage von Geraden

1. Zwei Geraden heißen *parallel*, wenn sie in einer Ebene liegen und sich nicht schneiden.

   z. B. AB und CD

2. Zwei Geraden heißen *windschief*, wenn sie nicht in einer Ebene liegen.

   z. B. AB und CG

Beispiel

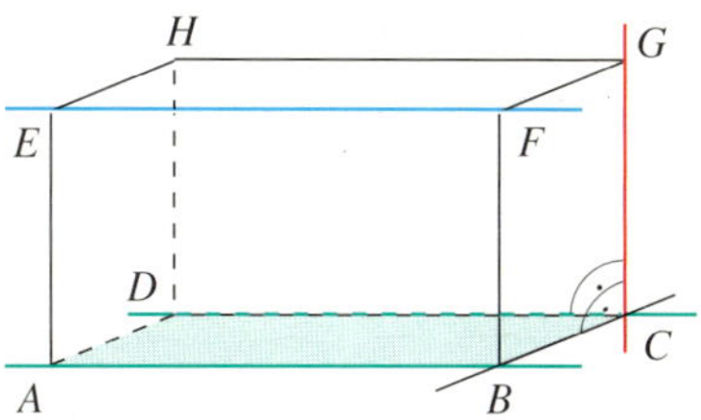

Gegenseitige Lage von Gerade und Ebene

1. Eine Gerade verläuft *parallel* zu einer Ebene, wenn sie parallel zu einer Geraden dieser Ebene ist.

   z. B. $EF \parallel \mathbb{E}_{ABC}$, da $EF \parallel AB$

2 Eine Gerade steht *senkrecht* auf einer Ebene, wenn sie auf zwei Geraden dieser Ebene senkrecht steht.

z. B. $CG \perp \mathbb{E}_{ABC}$, da $CG \perp CD$ und $CG \perp BC$

Winkel zwischen einer Geraden *g* und einer Ebene $\mathbb{E}$

1. Schritt:

Man betrachtet eine Hilfsebene $\mathbb{H}$, die
- durch g verläuft und
- auf $\mathbb{E}$ senkrecht steht.

Die Hilfsebene $\mathbb{H}$ und die Ebene $\mathbb{E}$ haben die gemeinsame Schnittgerade s.

Beispiel

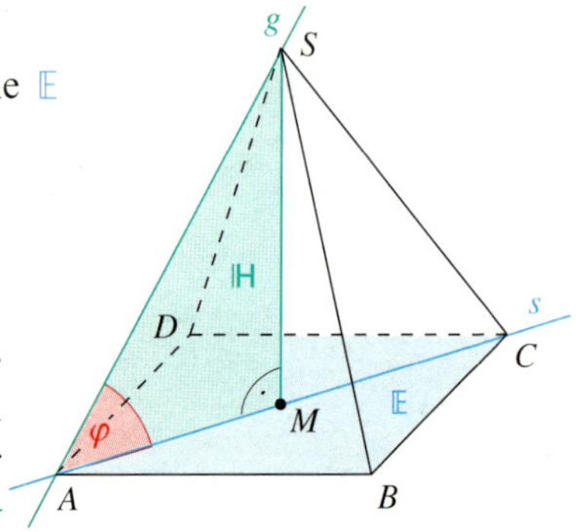

2. Schritt:

Der Winkel mit dem Maß φ zwischen der Schnittgeraden s und der gegebenen Geraden g ist der Winkel zwischen der Geraden g und der Ebene $\mathbb{E}$.

Gegenseititige Lage von Ebenen

1 Zwei Ebenen heißen *parallel*, wenn sie keine gemeinsame Schnittgerade haben.

z. B. $\mathbb{E}_{ABC} \parallel \mathbb{E}_{EFG}$

Beispiel

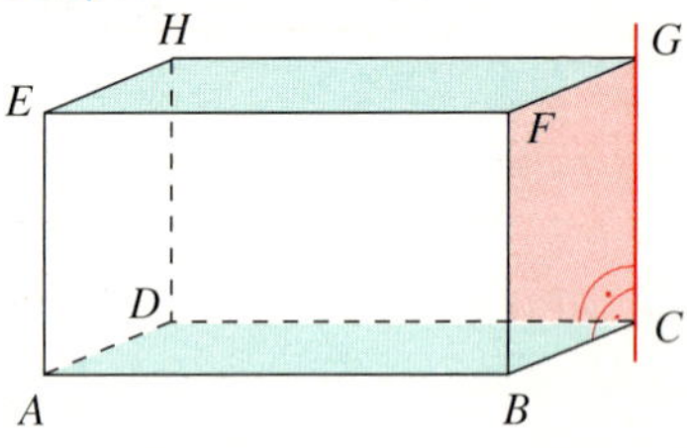

2 Zwei Ebenen stehen aufeinander *senkrecht*, wenn es in einer dieser Ebenen eine Gerade gibt, die auf der anderen Ebene senkrecht steht.

z. B. $\mathbb{E}_{BCG} \perp \mathbb{E}_{ABC}$, da $CG \perp \mathbb{E}_{ABC}$

Winkel zwischen zwei Ebenen $\mathbb{E}_1$ und $\mathbb{E}_2$

1. Schritt

Man bestimmt die Schnittgerade s der beiden Ebenen $\mathbb{E}_1$ und $\mathbb{E}_2$

2. Schritt

Man legt durch einen beliebigen Punkt P der Schnittgeraden s eine zu s senkrechte Hilfsebene $\mathbb{H}$. Die Hilfsebene $\mathbb{H}$ schneidet die Ebenen $\mathbb{E}_1$ und $\mathbb{E}_2$ in den Schnittgeraden g_1 und g_2.

Beispiel

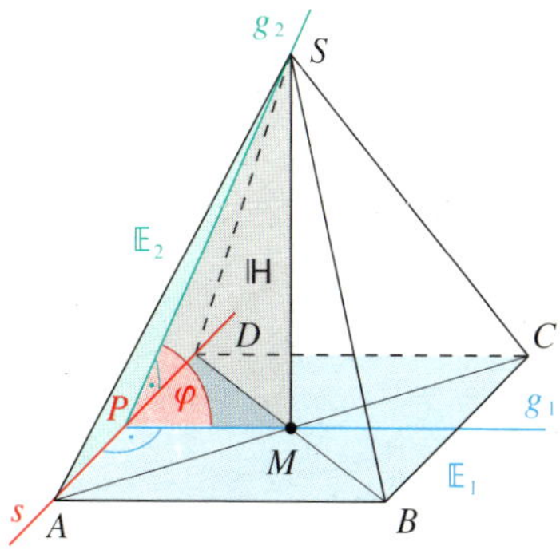

3. Schritt

Der Winkel φ zwischen den Geraden g_1 und g_2 ist der Winkel zwischen den Ebenen $\mathbb{E}_1$ und $\mathbb{E}_2$.

In unserem Beispiel ist die Hilfsebene $\mathbb{H}$ so gewählt, daß sie auch die Spitze S enthält. Der Punkt P ist nur dann Mittelpunkt der Strecke $[AD]$, wenn die Grundfläche $ABCD$ ein Rechteck ist.

Prismen

V: Volumen
O: Oberflächeninhalt
M: Mantelflächeninhalt
G: Grundflächeninhalt
u_G: Umfang der Grundfläche
d: Länge der Raumdiagonalen

Schiefes Prisma

$V = G \cdot h$
$O = 2G + M$

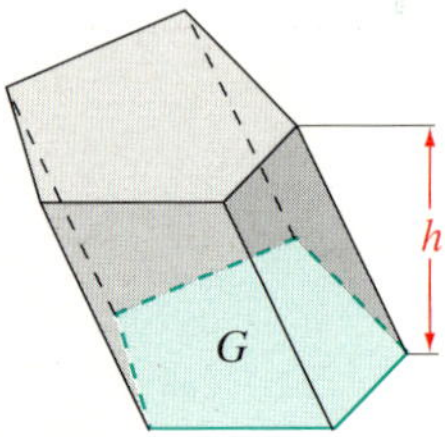

Gerades Prisma

$V = G \cdot h$
$O = 2G + M$
$M = u_G \cdot h$

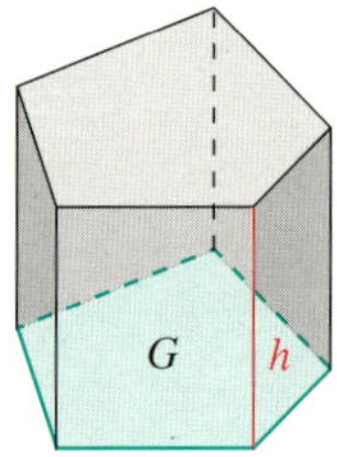

Quader

$d = \sqrt{a^2 + b^2 + c^2}$
$V = a \cdot b \cdot c$
$O = 2 \cdot (a \cdot b + b \cdot c + c \cdot a)$
$M = u_G \cdot c = 2 \cdot (a + b) \cdot c$

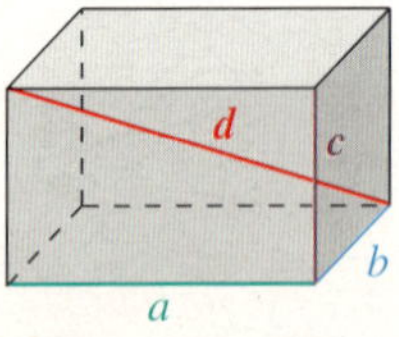

Würfel

$d = a \cdot \sqrt{3}$
$V = a^3$
$O = 6 \cdot a^2$
$M = u_G \cdot a = 4 \cdot a^2$

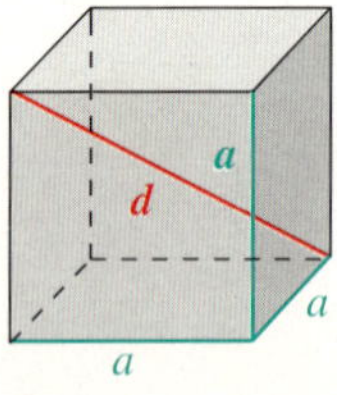

Pyramiden

V: Volumen
O: Oberflächeninhalt
M: Mantelflächeninhalt
G: Grundflächeninhalt

Pyramide

$$V = \frac{1}{3} \cdot G \cdot h$$

$$O = G + M$$

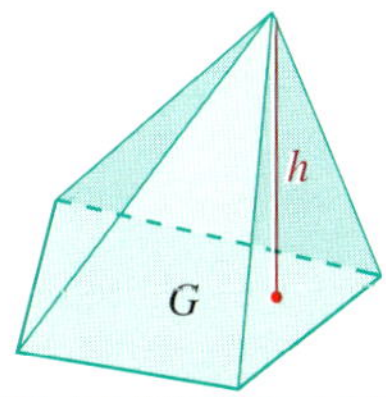

Reguläres Tetraeder (Vierflächner)

Die Oberfläche eines regulären Tetraeders setzt sich aus vier kongruenten, gleichseitigen Dreiecken zusammen.

$$h = \frac{a}{3} \cdot \sqrt{6}$$

$$V = \frac{a^3}{12} \cdot \sqrt{2}$$

$$O = a^2 \cdot \sqrt{3}$$

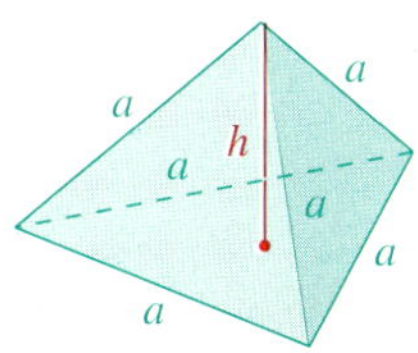

Reguläres Oktaeder (Achtflächner)

Die Oberfläche eines regulären Oktaeders setzt sich aus acht kongruenten gleichseitigen Dreiecken zusammen.

$$h = \frac{a}{2} \cdot \sqrt{2}$$

$$V = \frac{a^3}{3} \cdot \sqrt{2}$$

$$O = 2 \cdot a^2 \cdot \sqrt{3}$$

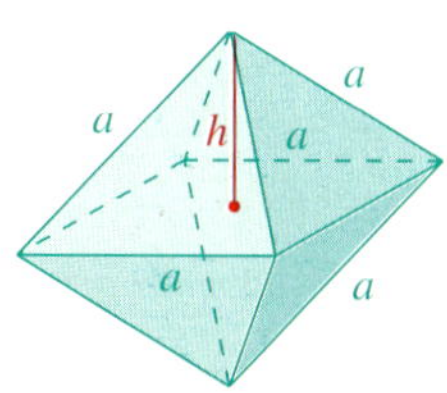

Rotationskörper

V: Volumen
O: Oberflächeninhalt
M: Mantelflächeninhalt

r: Radius
ω: Mittelpunktswinkel

Gerader Kreiszylinder

$$V = r^2 \cdot \pi \cdot h$$

$$O = 2 \cdot r \cdot \pi \cdot (r + h)$$

$$M = 2 \cdot r \cdot \pi \cdot h$$

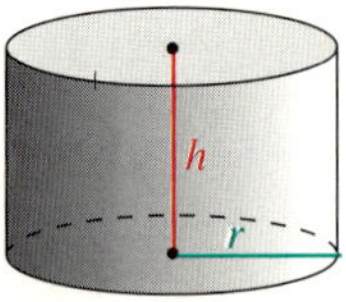

Gerader Kreiskegel

$$V = \frac{1}{3} \cdot r^2 \cdot \pi \cdot h$$

$$O = r \cdot \pi \cdot (r + s)$$

$$M = r \cdot \pi \cdot s = \pi \cdot s^2 \cdot \frac{\omega}{360^\circ}$$

$$\omega = \frac{r}{s} \cdot 360^\circ$$

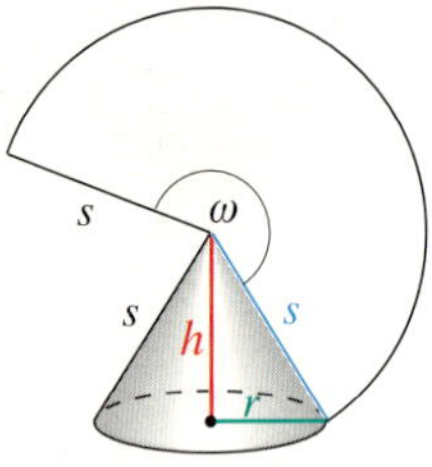

Kugel

$$V = \frac{4}{3} \cdot r^3 \cdot \pi$$

$$O = 4 \cdot r^2 \cdot \pi$$

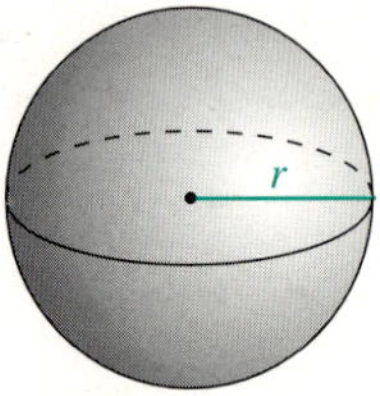

Frequenz f einer Schwingung

$$f = \frac{1}{T}$$

T ist die Dauer einer Schwingung.

$[f] = \frac{1}{s} = 1\ \text{Hz}$

Hz: Hertz

Dichte ρ

$$\rho = \frac{m}{V}$$

m ist die Masse des Körpers, V sein Volumen.

$[\rho] = 1\,\frac{\text{kg}}{\text{m}^3} \left(\text{oder } \frac{\text{g}}{\text{cm}^3} \text{ oder } \frac{\text{g}}{\text{dm}^3}\right)$

Hookesches Gesetz – Federkonstante D

Für elastische Federn gilt:

$$F = D \cdot \Delta l$$

$$D = \frac{F}{\Delta l}$$

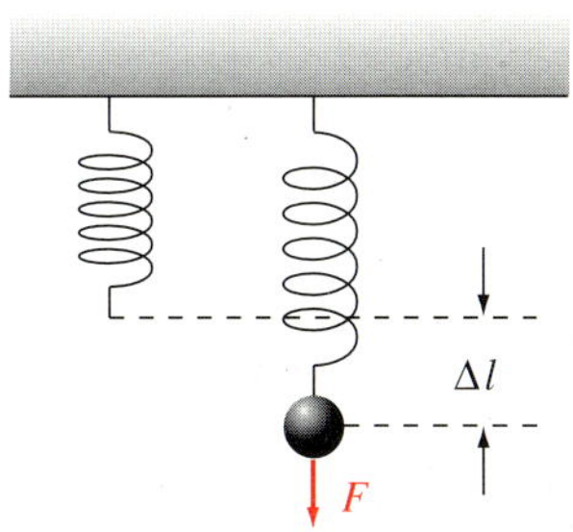

F ist die verformende Kraft, Δl die Längenänderung oder auch Dehnung.

$[D] = 1\frac{\text{N}}{\text{cm}} \left(\text{oder } \frac{\text{N}}{\text{dm}} \text{ oder } \frac{\text{N}}{\text{m}}\right)$

Reibungskraft F_R

$$F_R = \mu \cdot F_N$$

F_N ist die Normalkraft, mit der ein Körper senkrecht auf die Berührfläche gepreßt wird, μ die Reibungszahl.

$\mu_{\text{Haftreibung}} > \mu_{\text{Gleitreibung}} > \mu_{\text{Rollreibung}}$

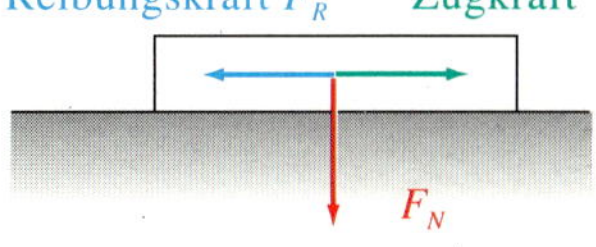

Gleichförmige Bewegung

Die Bewegung eines Körpers, auf den keine Kraft einwirkt, erfolgt geradlinig und mit konstanter Geschwindigkeit. Sie heißt gleichförmig.

$$v = \frac{s}{t}$$

s ist der Weg, den ein Körper mit der konstanten Geschwindigkeit v in der Zeit t zurücklegt.

$$[v] = 1\,\frac{\text{m}}{\text{s}}$$

$$1\,\frac{\text{m}}{\text{s}} = 3{,}6\,\frac{\text{km}}{\text{h}}; \qquad 1\,\frac{\text{km}}{\text{h}} = 0{,}278\,\frac{\text{m}}{\text{s}}$$

Gleichmäßig beschleunigte Bewegung

Die Bewegung eines Körpers mit der Anfangsgeschwindigkeit $0\,\frac{\text{m}}{\text{s}}$, auf den eine konstante Kraft F einwirkt, erfolgt geradlinig mit gleichmäßig zunehmender Geschwindigkeit. Sie heißt gleichmäßig beschleunigt.

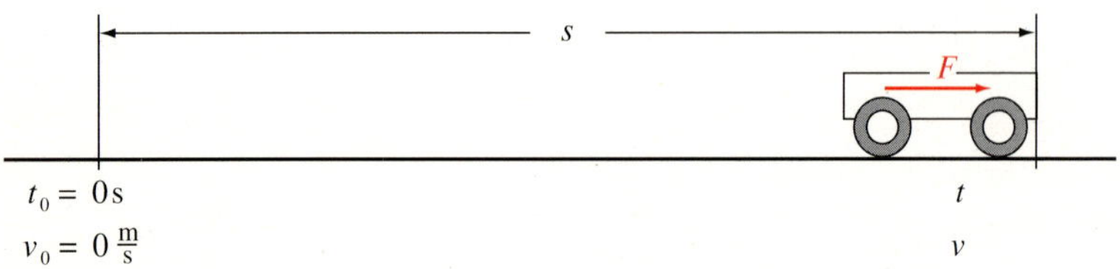

Auf den Körper wirkt in der Zeit t die konstante Beschleunigung a ein. Nach dieser Zeit hat der Körper die Geschwindigkeit v und den Weg s zurückgelegt.

$$a = \frac{v}{t} \qquad s = \frac{1}{2} \cdot a \cdot t^2$$

$$v = a \cdot t \qquad a = \frac{v^2}{2 \cdot s}$$

$$[a] = 1\,\frac{\text{m}}{\text{s}^2}$$

Beispiel Freier Fall

$$v = g \cdot t$$
$$s = \frac{1}{2} \cdot g \cdot t^2$$

g ist die Erdbeschleunigung ($g = 9{,}81\frac{\text{m}}{\text{s}^2}$).

Grundgleichung der Mechanik

$$F = m \cdot a$$

F ist die Kraft, die einem Körper mit der Masse m die Beschleunigung a erteilt.

$$[F] = 1\,\frac{\text{kg} \cdot \text{m}}{\text{s}^2} = 1\ \text{N}$$

N: Newton

Beispiel Gewichtskraft F_g

$$F_g = m \cdot g$$

$g = 9{,}81\,\frac{\text{m}}{\text{s}^2} = 9{,}81\,\frac{\text{N}}{\text{kg}}$ ist die Erdbeschleunigung.

Rollen

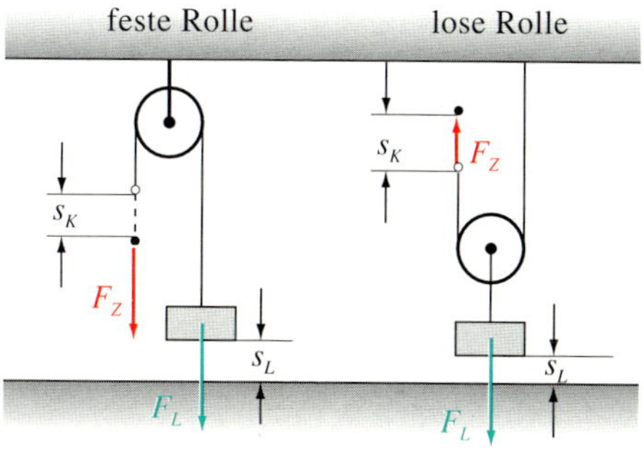

$$F_Z = F_L$$
$$s_K = s_L$$

$$F_Z = \frac{1}{2} \cdot F_L$$
$$s_K = 2 \cdot s_L$$

F_Z ist die Zugkraft, F_L die Gewichtskraft der Last, s_K der Kraftweg, s_L der Lastweg.

Flaschenzug

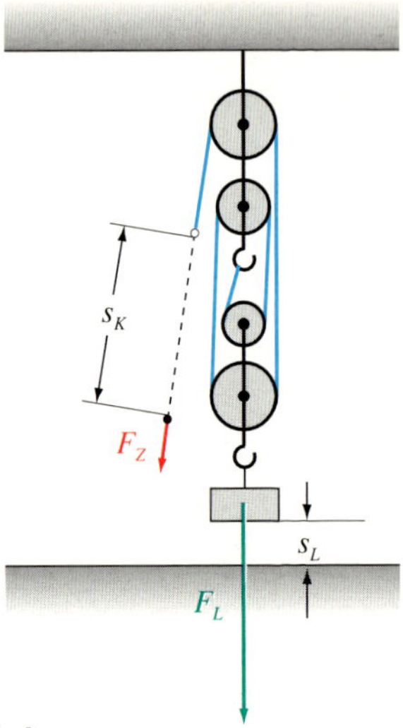

$$F_Z = \frac{F_L}{n}$$

$$s_K = n \cdot s_L$$

$n \in \{2; 4; 6; \ldots\}$
n: Anzahl der Rollen

Hebelgesetz

zweiseitiger Hebel

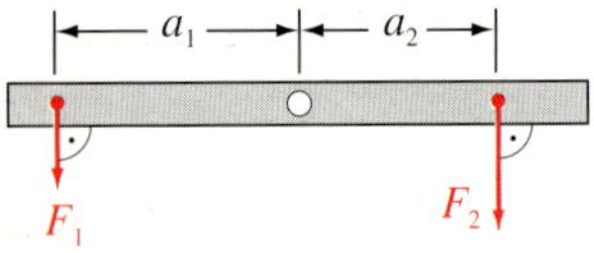

einseitiger Hebel

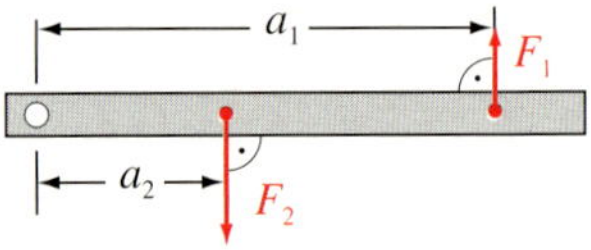

Der Hebelarm a ist der Abstand der Drehachse von der Wirkungslinie der jeweiligen Kraft.

$$F_1 \cdot a_1 = F_2 \cdot a_2$$

F_i sind die einwirkenden Kräfte, a_i die Hebelarme.

Drehmoment

$$M = F \cdot a$$

$[M] = 1\ \text{Nm}$

Allgemeines Hebelgesetz

Ein Hebel ist im Gleichgewicht, wenn die Summe der linksdrehenden Drehmomente gleich der Summe der rechtsdrehenden Drehmomente ist.

Arbeit W

$$W = F_S \cdot s$$

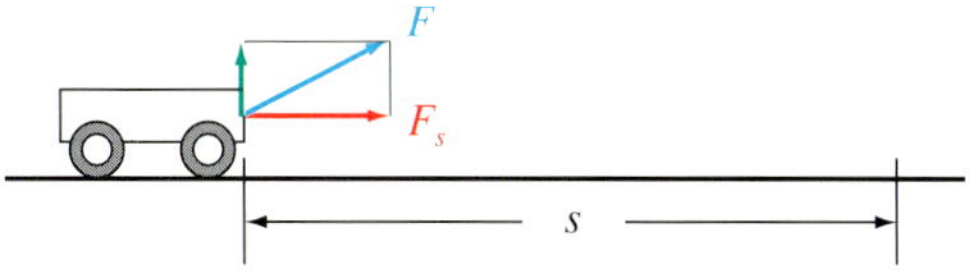

Die Arbeit W ist das Produkt aus der Kraft F_S in Wegrichtung und dem zurückgelegten Weg s.

$[W] = 1\ \text{Nm} = 1\ \text{J}$ J: Joule

Hubarbeit W_h

$$W_h = F_g \cdot h$$

F_g ist die Gewichtskraft eines Körpers, der um die Höhe h angehoben wurde.

Reibungsarbeit W_R

$$W_R = F_R \cdot s$$

F_R ist die Reibungskraft, s das Wegstück, um das der Körper verschoben wurde.

Leistung P

$$P = \frac{W}{t}$$

W ist die Arbeit und t die hierfür aufgewendete Zeit.

$[P] = 1\frac{\text{J}}{\text{s}} = 1\ \text{W}$ W: Watt

Energie E

Energie ist die Fähigkeit eines Systems, Arbeit zu verrichten.

$[E] = [W] = 1\ \text{J}$

Lageenergie E_L

$$E_L = F_g \cdot h$$

F_g ist die Gewichtskraft eines Körpers, der um die Höhe h angehoben wurde.

Wirkungsgrad η

$$\eta = \frac{W_{nutz}}{W_{auf}}$$

$$\eta = \frac{P_{nutz}}{P_{auf}}$$

Die zum Betrieb einer Maschine aufgewendete Arbeit W_{auf} (aufgewendete Leistung P_{auf}) wird zum Teil in abgegebene Nutzarbeit W_{nutz} (abgegebene Nutzleistung P_{nutz}) umgewandelt.

Stempeldruck p in Flüssigkeiten und Gasen

$$p = \frac{F}{A}$$

$[p] = 1 \frac{N}{m^2} = 1\ Pa$

Pa: Pascal

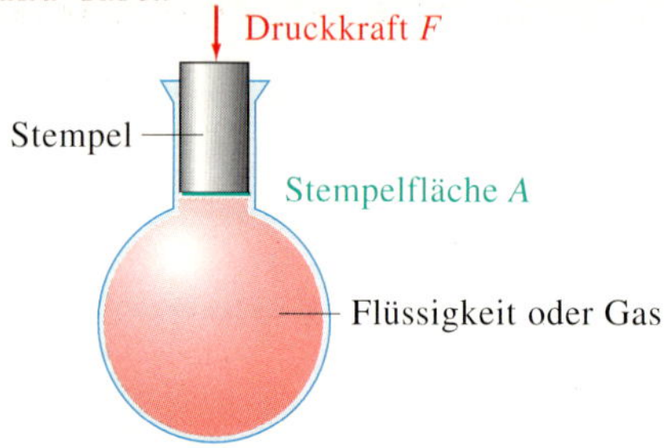

Schweredruck p in Flüssigkeiten

$$p = \rho_{Fl} \cdot g \cdot h$$

ρ_{Fl} ist die Dichte der Flüssigkeit,
h die Eintauchtiefe und
g die Erdbeschleunigung ($g = 9{,}81\ \frac{N}{kg}$).

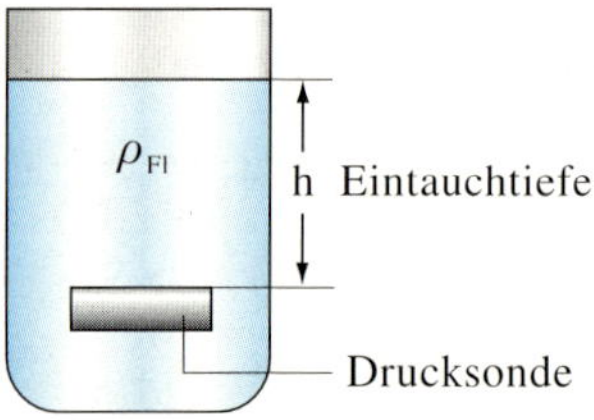

Auftriebskraft F_A in Flüssigkeiten

$$F_A = \rho_{Fl} \cdot g \cdot V_K$$

ρ_{Fl} ist die Dichte der Flüssigkeit,

g die Erdbeschleunigung ($g = 9{,}81\ \frac{N}{kg}$),

V_K das eingetauchte Körpervolumen.

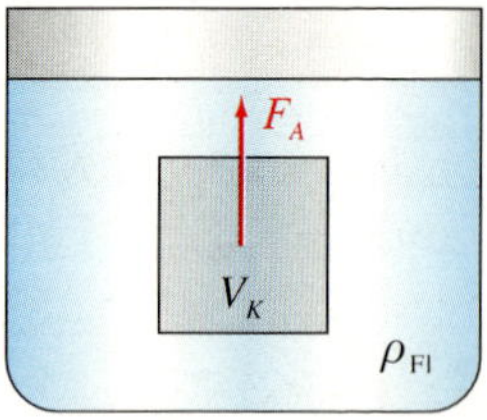

Prinzip des Archimedes

Die Auftriebskraft F_A ist gleich der Gewichtskraft der verdrängten Flüssigkeit.

Brechungsgesetz

α: Einfallswinkel
β: Brechungswinkel

a: zu α gehörige Halbsehne
b: zu β gehörige Halbsehne

$$\frac{a}{b} = n$$

n heißt Brechzahl.

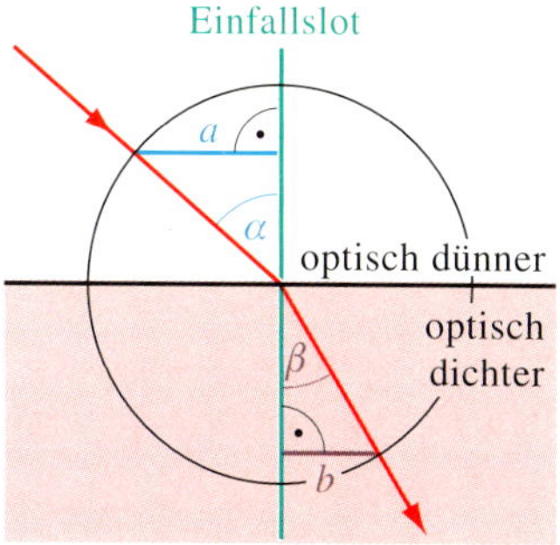

Einfallender Strahl, gebrochener Strahl und Einfallslot liegen in einer Ebene.

Reflexionsgesetz und Totalreflexion

$$\alpha = \alpha'$$

α: Einfallswinkel
α': Reflexionswinkel

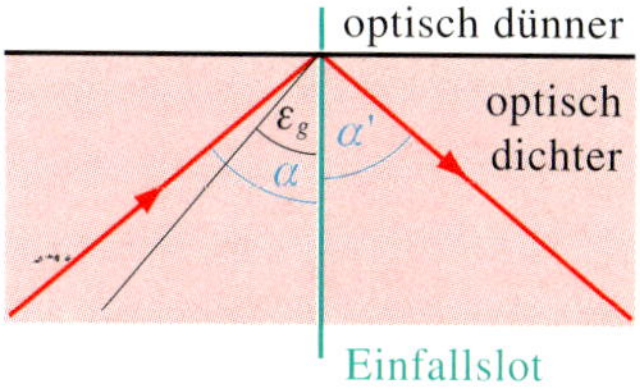

Einfallender Strahl, reflektierter Strahl und Einfallslot liegen in einer Ebene.

Beispiel: Totalreflexion erfolgt beim Übergang vom optisch dichteren ins optisch dünnere Medium, falls α größer ist als der Grenzwinkel ε_g der Totalreflexion.

Abbildungsgleichungen für dünne Linsen

G: Gegenstandsgröße
B: Bildgröße
g: Gegenstandsweite
b: Bildweite
f: Brennweite

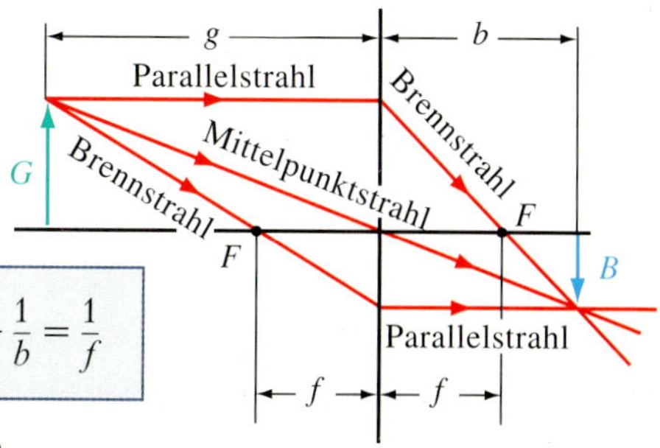

$$\frac{B}{G} = \frac{b}{g} = A$$

$$\frac{1}{g} + \frac{1}{b} = \frac{1}{f}$$

A heißt Abbildungsmaßstab.

Temperatur und Temperaturdifferenz

$$T = (273 + \frac{\vartheta}{°C})\,K$$

T heißt absolute Temperatur, ϑ Celsius-Temperatur.

$[T] = 1\,K$
$[\vartheta] = 1\,°C$

K: Kelvin
°C: Grad Celsius

$$\Delta T = T_2 - T_1$$
$$\Delta\vartheta = \vartheta_2 - \vartheta_1$$

ΔT bzw. $\Delta\vartheta$ heißt Temperaturdifferenz.

Verhalten der Körper bei Temperaturänderung:

Längenänderung fester Körper

$$\Delta l = \alpha \cdot l_o \cdot \Delta\vartheta$$

l_o ist die Anfangslänge, Δl die Längenänderung bei der Temperaturänderung $\Delta\vartheta$.

$[\alpha] = \frac{1}{°C} \left(\text{oder } \frac{1}{K} \right)$

α heißt Längenausdehnungskoeffizient.

Volumenänderung fester, flüssiger und gasförmiger Körper

$$\Delta V = \gamma \cdot V_o \cdot \Delta\vartheta$$

V_o ist das Anfangsvolumen,
ΔV die Volumenänderung bei der Temperaturänderung $\Delta\vartheta$.

$[\gamma] = \frac{1}{°C} \left(\text{oder } \frac{1}{K} \right)$

γ heißt Volumenausdehnungskoeffizient.

$$\gamma_{feste\ Körper} = 3 \cdot \alpha$$
$$\gamma_{Gase} = \frac{1}{273°C}$$

Allgemeine Gasgleichung

Für eine abgeschlossene Gasmenge mit dem Druck p, dem Volumen V und der absoluten Temperatur T gilt:

$$\frac{p \cdot V}{T} = \text{const}$$

Betrachtet man die abgeschlossene Gasmenge in einem 1. Zustand (p_1, V_1, T_1) und einem 2. Zustand (p_2, V_2, T_2), so gilt:

$$\frac{p_1 \cdot V_1}{T_1} = \frac{p_2 \cdot V_2}{T_2}$$

Spezialfälle

a) Wird die Zustandsänderung *isotherm* ($T = \text{const}$) ausgeführt, gilt das Gesetz von Boyle-Mariotte:

$$p \cdot V = \text{const}$$

$$p_1 \cdot V_1 = p_2 \cdot V_2$$

b) Wird die Zustandsänderung *isobar* ($p = \text{const}$) ausgeführt, gilt das Gesetz von Gay-Lussac:

$$\frac{V}{T} = \text{const}$$

$$\frac{V_1}{T_1} = \frac{V_2}{T_2}$$

Erwärmungsgesetz

$$Q = c \cdot m \cdot \Delta\vartheta$$

$$[c] = 1\,\frac{\text{J}}{\text{g} \cdot {}^\circ\text{C}} = 1\,\frac{\text{kJ}}{\text{kg} \cdot {}^\circ\text{C}}$$

Wird einem Körper der Masse m die Wärme Q zugeführt (entzogen), so wird er um die Temperaturdifferenz $\Delta\vartheta$ erwärmt (abgekühlt).

c heißt spezifische Wärmekapazität.

Umwandlungswärme

$$Q = q \cdot m$$

$$q = \frac{Q}{m}$$

$$[q] = 1\,\frac{\mathrm{J}}{\mathrm{g}} = 1\,\frac{\mathrm{kJ}}{\mathrm{kg}};$$

Soll der Aggregatzustand eines Körpers mit der Masse m umgewandelt werden, so muß dem Körper bei der Umwandlungstemperatur die Umwandlungswärme Q zugeführt oder entzogen werden.

q ist die spezifische Schmelzwärme, die spezifische Erstarrungswärme, die spezifische Verdampfungswärme oder die spezifische Kondensationswärme.

Erster Hauptsatz der Wärmelehre

$$Q = \Delta U + W$$

Wird einem Körper die Energie Q zugeführt, folgt daraus die Zunahme ΔU der inneren Energie des Körpers und die vom Körper nach außen abgegebene Arbeit W.

Ausdehnungsarbeit W_A eines Körpers

$$W_A = p \cdot \Delta V$$

p ist der (konstante) äußere Druck, ΔV die Volumenänderung des Körpers.

$W_A > 0$: Der Körper verrichtet Arbeit.
$W_A < 0$: Am Körper wird Arbeit verrichtet.

Energieerhaltungssatz

In einem abgeschlossenen System kann Energie weder verschwinden noch erzeugt werden. Energie kann lediglich von der einen Form in eine andere (mechanische Energie, innere Energie, elektrische Energie, chemische Energie usw.) umgewandelt werden.

Wirkungsgrad bei Wärmemaschinen

$$\eta = \frac{W}{Q}$$

Die zum Betrieb der Maschine aufgewendete Wärme Q wird zum Teil in abgegebene Nutzarbeit W übergeführt.

Ladung Q

$$Q = I \cdot t$$

I ist die Stromstärke, die während der Zeit t im Leiter zu messen ist.

$[I] = 1\,\text{A}$ — A: Ampere

$[Q] = 1\,\text{As} = 1\,\text{C}$ — C: Coulomb

Elektrische Spannung U

$$U = \frac{W_{el}}{Q}$$

Die an den Ladungsträgern verrichtete Arbeit W_{el} ist direkt proportional zur transportierten Ladung Q. Der Quotient $\frac{W_{el}}{Q}$ ist charakteristisch für eine Elektrizitätsquelle und heißt Spannung U.

$[U] = 1\,\frac{\text{J}}{\text{As}} = 1\,\text{V}$ — V: Volt

Elektrische Arbeit (Elektrische Energie) W_{el}

$$W_{el} = U \cdot I \cdot t$$

U ist die Spannung,
I die Stromstärke,
t die Zeit.

$[W_{el}] = 1\,\text{VAs} = 1\,\text{Ws} = 1\,\text{J} = 1\,\text{Nm}$

1 kWh	$= 3{,}60 \cdot 10^{6}$ J
1 J	$= 2{,}78 \cdot 10^{-7}$ kWh
1 eV	$= 1{,}60 \cdot 10^{-19}$ J
1 J	$= 6{,}24 \cdot 10^{18}$ eV

Elektrische Leistung P_{el}

$$P_{el} = \frac{W_{el}}{t}$$
$$P_{el} = U \cdot I$$

$$P_{el} = \frac{U^2}{R}$$
$$P_{el} = R \cdot I^2$$

R ist der elektrische Widerstand.

$[P_{el}] = 1\,\text{VA} = 1\,\text{W}$ — W: Watt

Ohmsches Gesetz

$$U = R \cdot I$$
$$R = \text{const}$$

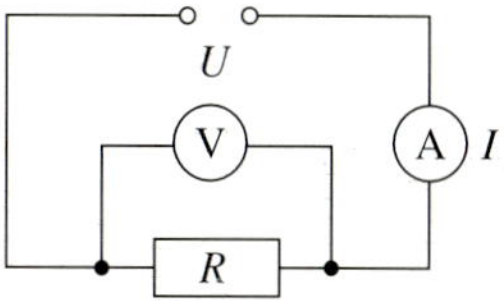

U ist die Spannung am Leiter, I die Stromstärke im Leiter.
Die Proportionalitätskonstante R heißt elektrischer Widerstand.

Elektrischer Widerstand R

$$R = \frac{U}{I}$$

$$[R] = 1\,\frac{\text{V}}{\text{A}} = 1\,\Omega$$

Ω: Ohm

Für einen Leiter der Länge l und dem Querschnitt A gilt:

$$R = \rho \cdot \frac{l}{A}$$

ρ heißt spezifischer Widerstand.

$$[\rho] = 1\,\frac{\Omega \cdot \text{mm}^2}{\text{m}}$$

Reihenschaltung von Widerständen

$$I = I_1 = I_2 = \ldots = I_n$$
$$U_g = U_1 + U_2 + \ldots + U_n$$
$$R_g = R_1 + R_2 + \ldots + R_n$$
$$\frac{U_m}{U_n} = \frac{R_m}{R_n}$$

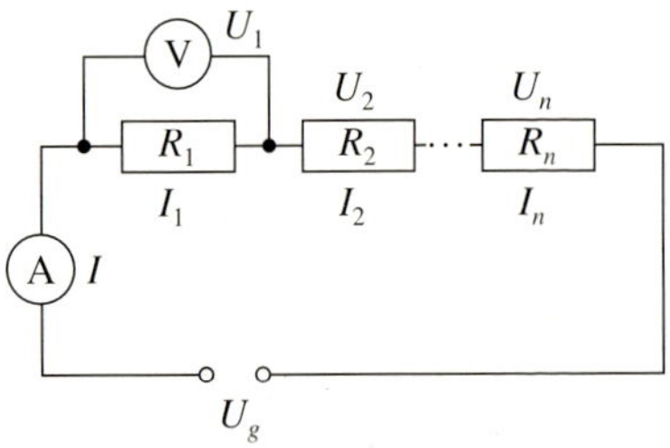

U_i sind die Teilspannungen an den Teilwiderständen R_i,
U_g die Gesamtspannung, R_g der Gesamtwiderstand.

Parallelschaltung von Widerständen

$$U = U_1 = U_2 = \ldots = U_n$$
$$I_g = I_1 + I_2 + \ldots + I_n$$
$$\frac{1}{R_g} = \frac{1}{R_1} + \frac{1}{R_2} + \ldots + \frac{1}{R_n}$$
$$\frac{I_m}{I_n} = \frac{R_n}{R_m}$$

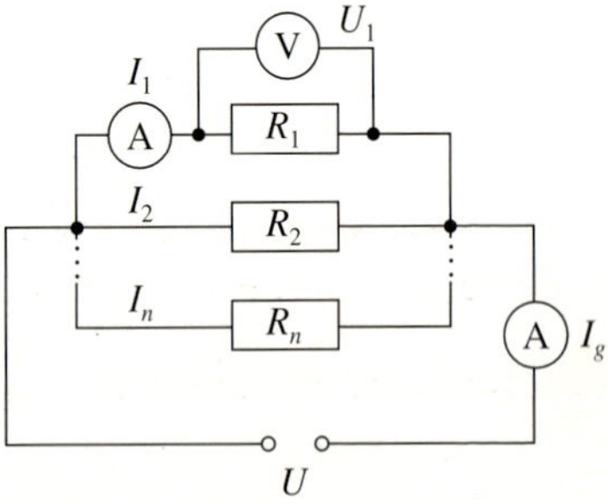

I_i sind die Teilströme durch die Teilwiderstände R_i,
I_g die Gesamtstromstärke, R_g der Gesamtwiderstand.

Transformator

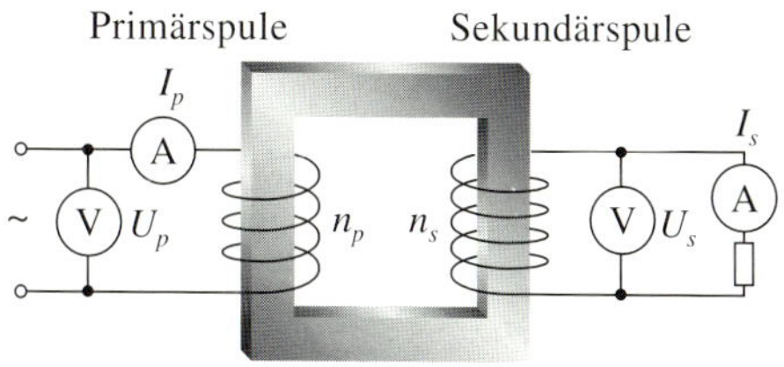

U_p: Primärspannung
I_p: Primärstromstärke
n_p: Primärwindungszahl
U_s: Sekundärspannung
I_s: Sekundärstromstärke
n_s: Sekundärwindungszahl

unbelasteter Transformator

$$\frac{U_p}{U_s} = \frac{n_p}{n_s}$$

belasteter Transformator

$$\frac{I_p}{I_s} = \frac{n_s}{n_p}$$

Wirkungsgrad η

$$\eta = \frac{P_s}{P_p}$$

P_p ist die primärseitig aufgewendete elektrische Leistung,
P_s die sekundärseitig abgegebene elektrische Nutzleistung.

Ein Transformator heißt *verlustfrei* oder *ideal*, wenn $P_s = P_p$ gilt.

Transistor (*npn*)

Eine geringe Änderung des Basisstroms ΔI_B führt zu einer großen Änderung des Kollektorstroms ΔI_C.

Stromverstärkungsfaktor β:

$$\beta = \frac{\Delta I_C}{\Delta I_B}$$

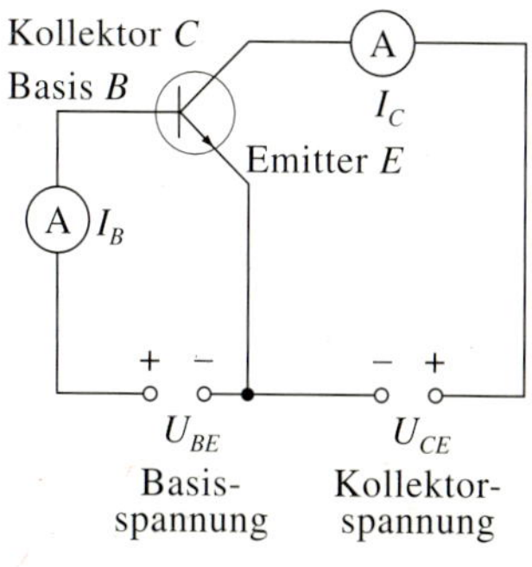

Massenzahl A (Nukleonenzahl)

$$A = Z + N$$

Z ist die Ordnungszahl (Protonenzahl, Kernladungszahl),
N die Neutronenzahl.

Alpha-Zerfall (α-Strahlung)

$$^{A}_{Z}X \longrightarrow \; ^{A-4}_{Z-2}Y + \, ^{4}_{2}He$$

z. B.

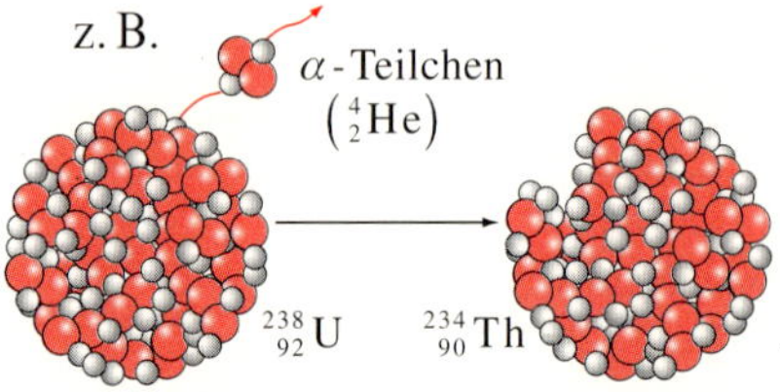

$$^{238}_{92}\text{U} \longrightarrow \; ^{234}_{90}\text{Th} + \, ^{4}_{2}\text{He}$$

Beta-Zerfall (β-Strahlung)

$$^{A}_{Z}X \longrightarrow \; ^{A}_{Z+1}Y + \, ^{0}_{-1}e$$

z. B.

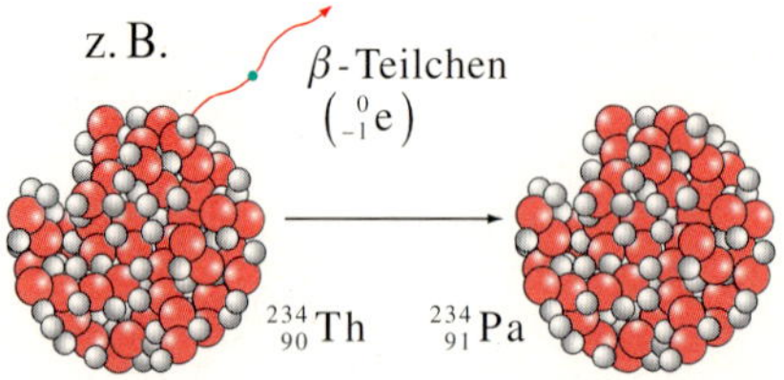

$$^{234}_{90}\text{Th} \longrightarrow \; ^{234}_{91}\text{Pa} + \, ^{0}_{-1}\text{e}$$

Aktivität A

$$A = \frac{\text{Anzahl der Kernzerfälle}}{\text{Zeit}}$$

Die Aktivität gibt die Anzahl der Kernzerfälle je Sekunde an.

$$[A] = \frac{1}{\text{s}} = 1\ \text{Bq}$$

Bq: Becquerel

Halbwertszeit T

Die Zeit, nach der die Hälfte der Kerne zerfallen ist bzw. nach der die Aktivität auf die Hälfte gesunken ist, heißt Halbwertszeit.

Zerfallsgesetz

$$N(t) = N_o \cdot \left(\frac{1}{2}\right)^{\frac{t}{T}}$$

$N(t)$ ist die Zahl der noch nicht zerfallenen Kerne zur Zeit t, N_o die Zahl der noch nicht zerfallenen Kerne zur Zeit $t = 0\text{s}$, T die Halbwertszeit.

$$A(t) = A_o \cdot \left(\frac{1}{2}\right)^{\frac{t}{T}}$$

$A(t)$ ist die Aktivität zur Zeit t, A_o die Aktivität zur Zeit $t = 0\,\text{s}$.

Energiedosis D

$$D = \frac{E}{m}$$

E ist die Energie, die durch radioaktive Strahlung auf einen Körper der Masse m übertragen wird.

$$[D] = 1\,\frac{\text{J}}{\text{kg}} = 1\,\text{Gy}$$

Gy: Gray

Äquivalentdosis H

Die biologische Wirkung der ionisierenden Strahlung hängt nicht nur von der Energiedosis D, sondern auch von der Art der Strahlung ab. Dies wird mit dem Qualitätsfaktor q bewertet.

$$H = q \cdot D$$

$$[H] = 1\,\frac{\text{J}}{\text{kg}} = 1\,\text{Sv}$$

Sv: Sievert

Qualitätsfaktor q

$q = 1$: β-Strahlung, γ-Strahlung, Röntgenstrahlung, UV-Strahlung
$q = 10$: Neutronenstrahlung
$q = 20$: α-Strahlung

Internationales Einheitensystem (SI: système international)

SI-Basisgrößen und SI-Basiseinheiten

Basisgröße	Formelzeichen	Basiseinheit Name	Zeichen
Länge	l	Meter	m
Masse	m	Kilogramm	kg
Zeit	t	Sekunde	s
elektrische Stromstärke	I	Ampere	A
(thermodynamische) Temperatur	T	Kelvin	K
Stoffmenge	n, ν	Mol	mol
Lichtstärke	I	Candela	cd

Abgeleitete SI-Größen und SI-Einheiten

Abgeleitete Größen	Formelzeichen	abgeleitete Einheit Name	Zeichen
Fläche, Querschnitt, Oberfläche	A	Quadratmeter	m^2
Volumen	V	Kubikmeter	m^3
Frequenz	f	Hertz	$Hz = s^{-1}$
Drehzahl	n		s^{-1}
Geschwindigkeit	v		$\frac{m}{s}$
Beschleunigung	a		$\frac{m}{s^2}$
örtliche Fallbeschleunigung	g		$\frac{m}{s^2}$
Dichte	ϱ		$\frac{kg}{m^3}$

Abgeleitete Größen	**Formel-zeichen**	**abgeleitete Einheit**	
		Name	**Zeichen**
Kraft	F	Newton	N $1\,\mathrm{N} = 1\frac{\mathrm{kg \cdot m}}{\mathrm{s}^2}$
Gewichtskraft	F_g		N
Drehmoment	M		Nm
Druck	p	Pascal	Pa $1\,\mathrm{Pa} = 1\frac{\mathrm{N}}{\mathrm{m}^2}$
Reibungszahl	μ		1
Arbeit Energie	W E, W	Joule	J 1 J = 1 Nm = 1 Ws
Leistung	P	Watt	W $1\,\mathrm{W} = 1\frac{\mathrm{J}}{\mathrm{s}}$
Wirkungsgrad	η		1
Lichtgeschwindigkeit im Vakuum	c_o		$\frac{\mathrm{m}}{\mathrm{s}}$
Brennweite	f		m
Brechzahl	n		1
Temperaturdifferenz	$\Delta T, \Delta \vartheta$		K
Celsius – Temperatur	ϑ	Grad Celsius	°C
Längenausdehnungskoeffizient	α		$\frac{1}{\mathrm{K}}$
Volumenausdehnungskoeffizient	γ		$\frac{1}{\mathrm{K}}$
Wärmemenge	Q		J
spezifische Wärmekapazität	c		$\frac{\mathrm{J}}{\mathrm{g \cdot K}}$

Abgeleitete Größen	Formelzeichen	abgeleitete Einheit Name	Zeichen
innere Energie	U		J
elektrische Ladung, Elektrizitätsmenge	Q	Coulomb	C $1\,C = 1\,\mathrm{A} \cdot \mathrm{s}$
Elementarladung	e		C
elektrische Spannung	U	Volt	V $1\,\mathrm{V} = 1\frac{\mathrm{J}}{\mathrm{C}}$
elektrischer Widerstand	R	Ohm	Ω $1\,\Omega = 1\frac{\mathrm{V}}{\mathrm{A}}$
spezifischer elektrischer Widerstand	ϱ		$\frac{\Omega \cdot \mathrm{mm}^2}{\mathrm{m}}$
Windungszahl	N		1
Windungszahlverhältnis	n		1
Teilchenzahl	N		1
Ordnungszahl, Kernladungszahl, Protonenzahl	Z		1
Neutronenzahl	N		1
Massenzahl, Nukleonenzahl	A		1
Atommasse, Nuklidmasse	m_a		kg
Halbwertszeit	T		s
Aktivität	A	Becquerel	Bq $1\,\mathrm{Bq} = \mathrm{s}^{-1}$
Energiedosis	D	Gray	Gy $1\,\mathrm{Gy} = 1\frac{\mathrm{J}}{\mathrm{kg}}$
Bewertungsfaktor	q		1
Äquivalentdosis	H	Sievert	Sv $1\,\mathrm{Sv} = 1\frac{\mathrm{J}}{\mathrm{kg}}$

Gebräuchliche Einheiten außerhalb des SI

	Einheit		
	Name	Zeichen	Umrechnung
Länge	Ångström	Å	$1\,\text{Å} = 10^{-10}\,\text{m}$
	Internationale Seemeile	sm	$1\,\text{sm} = 1852\,\text{m}$
	Astronomische Einheit	AE	$1\,\text{AE} = 1{,}496 \cdot 10^{11}\,\text{m}$
	Lichtjahr	ly	$1\,\text{ly} = 9{,}46 \cdot 10^{15}\,\text{m}$
Masse	Atomare Masseneinheit	u	$1\,\text{u} = 1{,}661 \cdot 10^{-27}\,\text{kg}$
	Gramm	g	$1\,\text{g} = 10^{-3}\,\text{kg}$
	Tonne	t	$1\,\text{t} = 10^{3}\,\text{kg}$
Druck	Bar	bar	$1\,\text{bar} = 10^{5}\,\text{Pa}$ $1\,\text{bar} = 10\,\frac{\text{N}}{\text{cm}^2}$
	Millibar	mbar	$1\,\text{mbar} = 10^{2}\,\text{Pa} = 1\,\text{hPa}$
Energie	Kilowattstunde	kWh	$1\,\text{kWh} = 3{,}6 \cdot 10^{6}\,\text{J}$
	Elektronvolt	eV	$1\,\text{eV} = 1{,}602 \cdot 10^{-19}\,\text{J}$
	Tonne Steinkohleneinheit	tSKE	$1\,\text{tSKE} = 29{,}31 \cdot 10^{9}\,\text{J}$

Dezimale Teile und Vielfache von Einheiten

Vorsatz	Dezi	Zenti	Milli	Mikro	Nano	Piko	Femto	Atto
Zeichen	d	c	m	μ	n	p	f	a
Zehnerpotenz	10^{-1}	10^{-2}	10^{-3}	10^{-6}	10^{-9}	10^{-12}	10^{-15}	10^{-18}

Vorsatz	Deka	Hekto	Kilo	Mega	Giga	Tera	Peta	Exa
Zeichen	da	h	k	M	G	T	P	E
Zehnerpotenz	10^{1}	10^{2}	10^{3}	10^{6}	10^{9}	10^{12}	10^{15}	10^{18}

Dichte ρ fester Stoffe (bei 20 °C)

Stoff	ρ in $\frac{g}{cm^3}$
Elemente	
Aluminium	2,70
Blei	11,35
Cadmium	8,65
Caesium	1,87
Chrom	6,93
Cobalt	8,90
Eisen	7,86
Germanium	5,33
Gold	19,30
Indium	7,31
Iridium	22,42
Kohlenstoff	
– amorph	1,8–2,1
– Graphit	2,25
– Diamant	3,51
Kupfer	8,93
Lithium	0,53
Magnesium	1,74
Molybdän	10,21
Nickel	8,90
Osmium	22,48
Palladium	12,02
Platin	21,45
Radium	5,0
Schwefel α	2,07

Stoff	ρ in $\frac{g}{cm^3}$
Elemente	
Schwefel β	1,96
Selen	4,80
Silber	10,50
Silicium	2,33
Strontium	2,67
Thorium	11,7
Titan	4,51
Uran	19,1
Wismut	9,80
Wolfram	19,25
Zink	7,14
Zinn α	5,75
Zinn β	7,29
Legierungen	
Duraluminium	2,8
Konstantan	8,8
Messing	≈ 8,4
V2A-Stahl	7,8

Stoff	ρ in $\frac{g}{cm^3}$
Weitere Stoffe	
Asphalt	≈ 1,3
Basalt	2,9
Beton	0,3–2,4
Eis bei 0 °C	0,92
Fensterglas	≈ 2,6
Fette	≈ 0,93
Granit	2,8
Harz	1,1
Holz: Balsa	≈ 0,1
Buche	≈ 0,7
Eiche	≈ 0,8
Tanne	≈ 0,5
Kalkstein	≈ 2,6
Kochsalz	2,15
Kolophonium	1,1
Kork	≈ 0,3
Marmor	≈ 2,7
Naphthalin	1,17
Paraffin	≈ 0,9
Plexiglas	1,2
Porzellan	≈ 2,4
Quarzglas	2,2
Sandstein	≈ 2,5
Steingut	≈ 2,3
Styropor	0,02
Teer	1,2
Wachs	≈ 1,0
Zucker	1,59

Dichte ρ flüssiger Stoffe

(bei 20 °C)

Flüssigkeit	ρ in $\frac{g}{cm^3}$
Aceton	0,79
Ameisensäure	1,22
Benzol	0,88
Benzin	≈ 0,7
Diethylether	0,71
Essigsäure	1,05
Ethylalkohol	0,79
Glycerin	1,26
Leinöl	≈ 0,9
Meerwasser	1,03
Milch	1,03
Olivenöl	≈ 0,9
Petroleum	0,8
Quecksilber	13,55
Schwefelkohlenstoff	1,26
Terpentinöl	0,86
Tetrachlorkohlenstoff	1,59
Toluol	0,87
Wasser, normales	0,998
Wasser, schweres	1,105
Xylol	0,88

Dichte ρ gasförmiger Stoffe

(bei 0 °C und 1,013 bar)

Gas	ρ in $\frac{g}{dm^3}$
Acetylen	1,17
Ammoniak	0,77
Argon	1,78
Butan	2,7
Chlor	3,2
Deuterium	0,18
Erdgas, Stadtgas	≈ 0,6
Ethan	1,36
Ethylen	1,26
Helium	0,18
Kohlendioxid	1,98
Kohlenmonooxid	1,25
Krypton	3,7
Luft	1,29
Methan	0,72
Neon	0,90
Ozon	2,14
Propan	2,01
Sauerstoff	1,43
Schwefeldioxid	2,93
Schwefelwasserstoff	1,54
Stickstoff	1,25
Wasserstoff	0,09
Xenon	5,89

Schallgeschwindigkeit

Festkörper (15 – 20 °C)	v in $\frac{km}{s}$
Eisen	6,0
Beton	4,2
Marmor	6,2
Plexiglas	2,7
Polyethylen	2,0
Polystyrol	2,4
Polyvinyl	2,3
Porzellan	5,3

Flüssigkeit (15 – 20 °C)	v in $\frac{km}{s}$
Aceton	1,2
Ethylalkohol	1,2
Benzin	1,2
Glycerin	1,9
Paraffinöl	1,4
Quecksilber	1,5
Salzsäure (Konz.)	1,5
Wasser (dest.)	1,4

Gas	v in $\frac{km}{s}$
Helium	0,97
Kohlenstoffmonooxid	0,34
Kohlenstoffdioxid	0,26
Luft	0,33
Methan	0,43
Propan	0,24
Sauerstoff	0,32
Stickstoff	0,33

Reibungszahlen

Stoffpaar	Haftreibungszahl μ_H	Gleitreibungszahl μ_G
Holz auf Holz	$\approx 0{,}6$	$\approx 0{,}3$
Holz auf Stein	$\approx 0{,}7$	$\approx 0{,}3$
Stahl auf Stahl	$\approx 0{,}2$	$\approx 0{,}1$
Stahl auf Eis	$\approx 0{,}03$	$\approx 0{,}02$
Autoreifen (blockiert) auf		
trockenem Asphalt	$\approx 0{,}9$	$\approx 0{,}7$
nassem Asphalt	$\approx 0{,}7$	$\approx 0{,}4$
vereistem Asphalt	$\approx 0{,}2$	$\approx 0{,}1$

Rollreibung

Stoffpaar	Rollreibungszahl μ_R
Kugel im Kugellager	$\approx 0{,}001$
Stahl auf Stahl	$\approx 0{,}01$
Autoreifen auf trockenem Asphalt	$\approx 0{,}02$
Autoreifen auf Schotter	$\approx 0{,}1$

Daten des Sonnensystems

	Mittlerer Bahnradius in 10^6 km	Umlaufzeit in d	Masse in 10^{24} kg	Radius in 10^6 m	Fallbeschleunigung in m/s²	Umdrehungsdauer in d
Sonne	–	–	$1{,}99 \cdot 10^6$	696,4	274	27
Merkur	57,91	87,97	0,33	2,439	3,7	58,65
Venus	108,2	224,7	4,87	6,05	8,87	243,0
Erde	149,6	365,26	5,98	6,378	9,81	1,0
Mars	227,9	687,0	0,642	3,397	3,7	1,026
Jupiter	778,3	4333	1900	71,4	25	0,41
Saturn	1427	10760	569	60,3	10	0,43
Uranus	2870	30690	86,8	25,56	9	0,72
Neptun	4497	60190	102	24,76	11	0,67
Pluto	5914	90800	0,013	1,16	0,7	6,39
Erdmond	0,384	27,32	0,0735	1,738	1,62	27,32

Tabellenwerte aus der Optik und Elektrizitätslehre

Brechzahlen n

Medienpaar	n
Vakuum – Luft	1,0003
Luft – Wasser	1,333
Luft – Kronglas	1,5
Luft – Flintglas	1,6
Luft – Plexiglas	1,5
Luft – Benzol	1,50
Luft – Diamant	2,42

Grenzwinkel der Totalreflexion ε_g

Medienpaar	ε_g
Wasser – Luft	48,6°
Kronglas – Luft	42°
Plexiglas – Luft	42°
Flintglas – Luft	39°
Schwefelkohlenstoff – Luft	37,9°
Benzol – Luft	41,8°
Diamant – Luft	24,4°

Spezifischer elektrischer Widerstand ρ bei 20 °C

Stoff	ρ in $\frac{\Omega\,\text{mm}^2}{\text{m}}$	Stoff	ρ in $\frac{\Omega\,\text{mm}^2}{\text{m}}$	Stoff	ρ in $\frac{\Omega\,\text{mm}^2}{\text{m}}$
Aluminium	0,028	Kohle	40	Quecksilber	0,96
Blei	0,208	Kupfer	0,017	Schwefelsäure im Akku	$2 \cdot 10^4$
Eisen	0,10	Konstantan[1]	0,50	Silber	0,016
Germanium	$4{,}5 \cdot 10^5$	Manganin[2]	0,43	Silicium	10^7
Glas	$10^{16}–10^{22}$	Messing[3]	0,08	Wolfram	0,055
Gold	0,022	Platin	0,10	Zinn	0,11

[1] 54 Cu, 45 Ni, 1 Mn [2] 86 Cu, 12 Mn, 2 Ni [3] 62 Cu 38 Zn

Tabellenwerte aus der Wärmelehre

Festkörper

α Längenausdehnungskoeffizient zwischen 0 °C und 100 °C
c spezifische Wärmekapazität bei 20 °C
ϑ_s Schmelztemperatur q_s spezifische Schmelzwärme

Festkörper	α in $10^{-5} \cdot \frac{1}{K}$	c in $\frac{J}{g \cdot K}$	ϑ_s in °C	q_s in $\frac{J}{g}$
Aluminium	2,38	0,90	660	396
Beton	1,2	0,8	–	–
Blei	2,94	0,13	327	23
Eis bei – 0 °C	5,1	2,1	0	334
Eisen	1,2	0,46	1536	275
Glas	1,0	0,8	815	0,51–0,92
Gold	1,43	0,13	1064	65
Kupfer	1,68	0,39	1083	205
Messing	1,8	0,38	320	166
Magnesium	2,60	1,02	650	368
Naphthalin	9,4	1,30	80	150
Nickel	1,3	0,45	1453	303
Platin	0,91	0,13	1769	111
Silber	1,97	0,23	961	105
Wolfram	0,45	0,13	3385	192
Zink	2,63	0,39	420	105
Zinn	2,7	0,23	232	60
Zucker	8,3	1,242	186	56

Flüssigkeiten

γ Volumenausdehnungskoeffizient bei 20 °C
c spezifische Wärmekapazität bei 20 °C
ϑ_s Schmelztemperatur q_s spezifische Schmelzwärme
ϑ_v Siedetemperatur q_v spezifische Verdampfungswärme

Flüssigkeit	γ in $10^{-3} \frac{1}{K}$	c in $\frac{J}{g \cdot K}$	ϑ_s in °C	q_s in $\frac{J}{g}$	ϑ_v in °C	q_v in $\frac{J}{g}$
Benzol	1,23	1,7	– 5,5	126	80	394
Ether	1,62	2,31	– 116,3	–	34,4	356
Ethylalkohol	1,10	2,4	– 114	105	78	854
Glycerin	0,50	2,4	18	176	290	–
Olivenöl	0,72	–	–	–	–	–
Petroleum	0,96	2,1	–	–	≈150	–

Flüssigkeit	γ in $10^{-3}\ \frac{1}{K}$	c in $\frac{J}{g \cdot K}$	ϑ_s in °C	q_s in $\frac{J}{g}$	ϑ_v in °C	q_v in $\frac{J}{g}$
Quecksilber	0,18	0,14	– 38,9	11,8	357	285
Schwefelkohlenstoff	1,18	0,99	– 112	57,8	46	364
Terpentinöl	0,97	1,8	–	–	–	–
Tetrachlorkohlenstoff	1,23	0,86	– 23	16	77	193
Toluol	1,11	1,7	– 95	72	111	363
Wasser	0,21	4,18	0	334	100	2257

Gase

c_P spezifische Wärmekapazität bei konstantem Druck
c_v spezifische Wärmekapazität bei konstantem Volumen
ϑ_s Schmelztemperatur ϑ_v Siedetemperatur

Gas	c_p in $\frac{J}{g \cdot K}$	c_V in $\frac{J}{g \cdot K}$	$\frac{c_P}{c_V}$	ϑ_s in °C	ϑ_v in °C
Argon	0,523	0,312	1,68	– 189	– 186
Chlor	0,473	0,350	1,35	– 101	– 34
Ethylen	1,54	1,23	1,25	– 169	– 104
Helium	5,23	3,21	1,63	– 271	– 269
Kohlenstoffdioxid	0,837	0,647	1,29	– 57	– 78
Krypton	0,248	0,147	1,69	– 157	– 153
Luft	1,005	0,717	1,40	– 213	– 193
Neon	1,030	0,618	1,67	– 249	– 246
Sauerstoff	0,917	0,656	1,40	– 219	– 183
Stickstoff	1,038	0,741	1,40	– 210	– 196
Wasserstoff	14,2	10,1	1,41	– 259	– 253

Heizwert von Brennstoffen

Stoff	Heizwert in $\frac{MJ}{kg}$
Braunkohle	≈ 19
Steinkohle	≈ 30
Koks	≈ 29
Holz	≈ 17
Torf	≈ 16

Stoff	Heizwert in $\frac{MJ}{kg}$
Benzin	≈ 42
Dieselöl	≈ 42
Heizöl	≈ 42
Spiritus	≈ 30

Stoff	Heizwert in $\frac{MJ}{m^3}$
Acetylen	≈ 55
Erdgas	≈ 42
Propangas	≈ 90
Stadtgas	≈ 29
Wasserstoff	≈ 13

Daten aus der Atom- und Kernphysik; Konstanten

An Schulen gebräuchliche radioaktive Präparate

Präparat	Radioaktiver Zerfall (Halbwertszeit)	Aktivität in kBq	Austretende Strahlung (maximale Energie in MeV)
$^{241}_{95}Am$	$^{241}_{95}Am \xrightarrow[(4{,}3 \cdot 10^2\,a)]{\alpha} {}^{237}_{93}Np$	74	α (5,5); γ (0,06)
$^{60}_{27}Co$	$^{60}_{27}Co \xrightarrow[(5{,}3\,a)]{\beta^-} {}^{60}_{28}Ni$	74	(β^- wird absorbiert); γ (1,3)
$^{22}_{11}Na$	$^{22}_{11}Na \xrightarrow[(2{,}6\,a)]{\beta^+} {}^{22}_{10}Ne$	74	β^+ (2,8); γ (1,3)
$^{226}_{88}Ra$	$^{226}_{88}Ra \xrightarrow[(1{,}6 \cdot 10^3\,a)]{\alpha} {}^{222}_{86}Rn$	3,7	α (4,9); γ (0,26)
$^{90}_{38}Sr$	$^{90}_{38}Sr \xrightarrow[(29\,a)]{\beta^-} {}^{90}_{39}Y \xrightarrow[(64\,h)]{\beta^-} {}^{90}_{40}Zr$	74	β^- aus $^{90}_{39}Y$ (2,3); γ (2,2) β^- aus $^{90}_{38}Sr$ wird absorbiert

Wichtige physikalische Konstanten

Fallbeschleunigung	$g_n = 9{,}80665\,\frac{m}{s^2}$
Normdruck	$p_o = 1013{,}25\,mbar = 1013{,}25\,hPa$
Lichtgeschwindigkeit im Vakuum	$c_o = 2{,}99792458 \cdot 10^8\,\frac{m}{s}$
Elementarladung	$e = 1{,}6022 \cdot 10^{-19}\,C$
α-Teilchen: Ruhemasse	$m_\alpha = 6{,}6446616 \cdot 10^{-27}\,kg$ $m_\alpha = 4{,}0015065\,u$
Elektron: Ruhemasse	$m_e = 9{,}1094 \cdot 10^{-31}\,kg$ $= 5{,}48580 \cdot 10^{-4}\,u$
Neutron: Ruhemasse	$m_n = 1{,}67493 \cdot 10^{-27}\,kg$ $= 1{,}008665\,u$
Proton: Ruhemasse	$m_p = 1{,}67262 \cdot 10^{-27}\,kg$ $= 1{,}007276\,u$
Solarkonstante	$S = 1{,}36\,\frac{kW}{m^2}$
Avogadro'sche (Loschmidt'sche) Konstante	$L = 6{,}0225 \cdot 10^{26}\,kmol^{-1}$

Stichwortverzeichnis Mathematik

Stichwortverzeichnis Physik